I0131285

Hussein Hijazi

Estimation et Égalisation de Canal Radio-Mobile à Évolution Rapide

Hussein Hijazi

Estimation et Égalisation de Canal Radio-Mobile à Évolution Rapide

Les Systèmes à Modulation OFDM: récepteurs à vitesses très élevées

Presses Académiques Francophones

Impressum / Mentions légales
Bibliografische Information der Deutschen Nationalbibliothek: Die Deutsche Nationalbibliothek verzeichnet diese Publikation in der Deutschen Nationalbibliografie; detaillierte bibliografische Daten sind im Internet über http://dnb.d-nb.de abrufbar.

Information bibliographique publiée par la Deutsche Nationalbibliothek: La Deutsche Nationalbibliothek inscrit cette publication à la Deutsche Nationalbibliografie; des données bibliographiques détaillées sont disponibles sur internet à l'adresse http://dnb.d-nb.de.

Coverbild / Photo de couverture: www.ingimage.com

Verlag / Editeur:
Presses Académiques Francophones
ist ein Imprint der / est une marque déposée de
OmniScriptum GmbH & Co. KG
Heinrich-Böcking-Str. 6-8, 66121 Saarbrücken, Deutschland / Allemagne
Email: info@presses-academiques.com

Herstellung: siehe letzte Seite /
Impression: voir la dernière page
ISBN: 978-3-8381-7236-1

À Basma,
Ali, Joud et Saja

Remerciements

Ce travail s'est déroulé au Laboratoire Grenoble, Image, Parole, Signale, Automatique (GIPSA), dans le département Image et Signal (DIS), démarré en Octobre 2005.

Je tiens tout d'abord à remercier ma directrice de thèse, Geneviève Jourdain (décédée en Octobre 2006), pour avoir su, durant ma première année de thèse, m'encourager, me conseiller, et témoigner de l'intérêt pour mon travail. Je tiens également à remercier particulièrement mon directeur de thèse Monsieur Laurent Ros durant mes deux derniers années de thèse (co-encadrant durant ma première année de thèse), non seulement por avoir suivi mon travail et répondu à mes questions, mais également pour son soutien sans faille et ses encouragements. Son enthousiasme et ses remarques enrichissantes m'ont permis de faire évoluer cette thèse.

Je suis particulièrement reconnaissant à Monsieur Jean-Marc Chassery, directeur du GIPSA-lab (anciennement LIS), pour m'avoir accueilli dans son laboratoire.

Je remercie Monsieur Jean-Marc Brossier, professeur à l'Institut National Polytechnique de Grenoble, de m'avoir fait l'honneur de présider le jury, ainsi que Monsieur Dirk Slock, professeur à EUROCOM, et Monsieur Benoît geller, professeur à l'ENSTA Paris-Tech, d'avoir rapporté de façon extrêmement détaillée et constructive ce travail. Merci également à Madame Maryline Hélard, Professeur à l'INSA de Rennes, et Madame Marie-Laure Boucheret, professeur à l'ENSEEIHT de Toulouse, d'avoir examiné ce travail.

Merci à tous ceux qui m'ont apporté leur aide, de près ou de loin, dans le déroulement ou dans la phase finale de ce travail (relecture, pré-soutenances), en particulier : Éric Simon, Olivier Michel, Éric Moisan, Jean-Marc Brossier, Joël Lienard, Kosaï Raoof, Cyrille Siclet, Cléo Baras, Jean-Michel Vanpé...

Merci à l'ensemble des collègues du GIPSA-lab et en particulier au groupe de thésards de mon département Image et Signal (DIS), pour leur accueil et leur aide, notamment lors des présoutenances.

Enfin, merci à mes proches, famille et copains, qui ont également participé à leur manière à la réalisation de cette thèse. Merci surtout à mon épouse Basma et mes enfants, Ali, Joud et Saja, pour avoir supporté tout ça.

Table des matières

Liste de Notations 9

Liste de Sigles 13

Introduction 15

1 Canal Radio-Mobile, OFDM, et Estimation de Canal 17
1.1 Canal Radio-Mobile . . . 18
1.1.1 Caractéristiques du canal radio-mobile . . . 18
1.1.2 Modèle mathématique du canal physique en mobilité . . . 19
1.1.3 Modèle aléatoire de Rayleigh et effet Doppler . . . 21
1.1.4 Ordre de grandeur . . . 22
1.2 Système OFDM . . . 23
1.2.1 Introduction . . . 23
1.2.2 Historique et principe . . . 23
1.2.3 Modèles mathématiques de l'OFDM . . . 25
1.2.3.1 Modèle analogique . . . 25
1.2.3.2 Modèle discret . . . 29
1.2.4 Interférence entre porteuses due à l'effet Doppler . . . 31
1.3 Estimation de canal pour les systèmes OFDM . . . 36
1.3.1 Introduction . . . 36
1.3.2 État de l'Art . . . 36
1.4 Contribution et organisation du document . . . 39
1.4.1 Objectifs de la thèse, démarche, et principales contributions . . . 39
1.4.2 Plan du document . . . 40
1.5 Conclusion . . . 41

2 Modélisation et Bornes de Cramér-Rao Bayesienne 43
2.1 Introduction . . . 44
2.2 Modélisation de la variation temporelle des gains complexes . . . 45
2.3 Bornes de Cramér-Rao Bayesienne (BCRBs) . . . 49
2.3.1 Définition des BCRB «hors-ligne» et «en-ligne» . . . 49
2.3.2 BCRB pour l'estimation des coefficients $\mathbf{c}$ et des gains $\boldsymbol{\alpha}$ . . . 52
2.3.2.1 Gains complexes «variants» durant un symbole OFDM . . . 52
2.3.2.2 Gains complexes «invariants» durant un symbole OFDM . . . 55
2.3.3 Simulation et discussion . . . 57
2.3.3.1 Gains complexes «invariants» durant un symbole OFDM . . . 57
2.3.3.2 Gains complexes «variants» durant un symbole OFDM . . . 59
2.4 Conclusion . . . 64

3 Algorithmes Basés sur les Valeurs Moyennes 67
3.1 Introduction 68
3.2 Modèle des pilotes et sous-porteuses pilotes reçues 68
3.3 Estimation des valeurs moyennes des gains complexes 70
3.4 Méthode de suppression successive des interférences (SSI) 71
3.5 Algo. 1 : interpolation passe-bas à partir des valeurs moyennes 71
3.5.1 Motivation 71
3.5.2 Algorithme itératif 74
3.5.3 Analyse de l'erreur quadratique moyenne (EQM) 76
3.5.3.1 EQM de l'estimateur des valeurs moyennes $\boldsymbol{a}_{(n)}$ 76
3.5.3.2 EQM globale de l'estimateur des gains complexes $\alpha_l^{(n)}(qT_s)$ 80
3.5.4 Simulation 81
3.5.5 Conclusion 83
3.6 Algo. 2 : approximation polynomiale à partir des valeurs moyennes 84
3.6.1 Motivation 84
3.6.2 Estimation des coefficients du polynôme 87
3.6.3 Algorithme itératif 87
3.6.4 Complexité de l'algorithme 89
3.6.5 Analyse de l'erreur quadratique moyenne (EQM) 89
3.6.6 Simulation 91
3.6.7 Conclusion 96
3.7 Conclusion et perspectives 97

4 Algorithme Basé sur le Filtre de Kalman et l'égaliseur QR 99
4.1 Introduction 100
4.2 Modèle Autorégressif (AR) et filtre de Kalman 101
4.2.1 Modèle AR des coefficients polynomiaux $\mathbf{c}^{(n)}$ 101
4.2.2 Filtre de Kalman 102
4.3 Détection QR des symboles de données 104
4.4 Estimation et détection conjointe 105
4.4.1 Algorithme itératif 105
4.4.2 Complexité de l'algorithme 106
4.4.3 Analyse de l'erreur quadratique moyenne (EQM) 107
4.5 Simulation 107
4.6 Conclusion 113

Conclusion générale et perspectives 115

Annexes 121

A Démonstration de l'équation (1.41) 121

B Régression polynomiale 123

C Matrice du canal et modèle d'observation 125

D Évaluation de la matrice de corrélation $\mathcal{R}$ 127

E Évaluation de $\mathbf{J}_m$ 129

F Calcul des expressions (2.55) et (2.56) **131**

G Évaluation de $\mathbf{J}_l$ **133**

H Démonstration de l'inégalité (2.65) **135**

I Calcul de la matrice de transfert T **137**

J Coefficients du chapitre 3 **139**

Liste de Notations

B_{coh}	Bande de cohérence du canal
$b(t)$	Bruit Blanc Additif Gaussien continu à la réception (ECBB)
$\mathbf{w}_{(n)}$	Bruit complexe durant le n-ème symbole OFDM
c	Célérité de l'onde radio-électrique
$\odot$	Convolution cyclique positive
$\otimes$	Convolution linéaire
$\cosh(.)$	Cosinus hyperbolique
N_0	Densité Spectrale de Puissance bilatérale du bruit de canal (en haute fréquence)
$\lvert \cdot \rvert$	Déterminant
T_g	Durée du préfixe cyclique
T	Durée du symbole OFDM
T_u	Durée utile du symbole OFDM
ET	Écart type des erreurs d'estimation des retards
EQM	Erreur Quadratique Moyenne
$\mathrm{E}_{x,y}[\cdot]$	Espérance (moyenne) sur x et y
$g_e(t)$	Filtre d'émission
$g_r(t)$	Filtre de réception
$R_{\alpha_l}(\Delta t)$	Fonction d'autocorrélation du l-ème gain complexe
$R_H(\Delta t, \Delta f)$	Fonction d'autocorrélation temps-fréquence du canal

$J_0(\cdot)$	Fonction de Bessel de première espèce et d'ordre 0
$\phi_b(t)$	Forme d'onde (filtre d'émission) du modulateur OFDM continu
f_d	Fréquence Doppler
f_0	Fréquence porteuse
α_l	Gain complexe associé au l-ème trajet
$IEP_{(n)}[b]$	IEP sur la b-ème sous-porteuse durant le n-ème symbole OFDM
$[\mathbf{X}]_{k,m}$	$[k, m]$-ème élément de la matrice $\mathbf{X}$
$[\mathbf{x}]_k$	k-ème élément du vecteur $\mathbf{x}$
W	Largeur de bande du système OFDM
$\ln(.)$	Logarithme naturel ou népérien
K	Longueur du bloc d'observation
N_g	Longueur du préfixe cyclique
$\text{diag}\{\mathbf{x}\}$	Matrice diagonale avec $\mathbf{x}$ sur sa diagonale principale
$\text{blkdiag}\{\mathbf{X}, \mathbf{Y}\}$	Matrice diagonale par blocs avec $\mathbf{X}$ et $\mathbf{Y}$ sur la diagonale principale
$\mathbf{H}_{(n)}$	Matrice du canal durant le n-ème symbole OFDM
$\mathbf{I}_N$	Matrice identité $N \times N$
$\mathbf{0}_N$	Matrice $N \times N$ de zéros
$\mathbf{X}$	Matrice $\mathbf{X}$ (lettre majuscule en gras)
$\mathbf{x}_{(n)}$	n-ème symbole OFDM émis
$\mathbf{y}_{(n)}$	n-ème symbole OFDM reçu
N_c	Nombre de coefficients polynômiaux
L_t	Nombre de coefficients pour le canal discret équivalent
L	Nombre de trajets
N_d	Nombre de sous-porteuses de donnée

N	Nombre de sous-porteuses du système OFDM
$v = N + N_g$	Nombre d'échantillons dans un symbole OFDM
$\|\cdot\|_F$	Norme de Frobénius
$\|\cdot\|$	Norme euclidienne
$(\cdot)^*$	Opérateur de conjugaison
$(\cdot)^T$	Opérateur de transposition
$(\cdot)^H$	Opérateur de transposition-conjugaison
$\nabla_{\mathbf{x}} = [\frac{\partial}{\partial[\mathbf{x}]_1}, ..., \frac{\partial}{\partial[\mathbf{x}]_N}]^T$	Opérateur différentiel d'ordre 1
$\Delta_{\mathbf{y}}^{\mathbf{x}} = \nabla_{\mathbf{y}}^* \nabla_{\mathbf{x}}^T$	Opérateur différentiel d'ordre 2
$\mathrm{Im}(\cdot)$	Partie imaginaire
$\mathrm{Re}(\cdot)$	Partie réelle
T_s	Période d'échantillonnage
τ_l	Retard de propagation associé au l-ème trajet
τ_{max}	Retard maximal du canal
$h(t, \tau)$	Réponse impulsionnelle du canal physique
$g(t, \tau)$	Réponse impulsionnelle du canal physique équivalent
$H(t, f)$	Réponse fréquentielle du canal physique pour la fréquence f à l'instant t
$\psi_b(t)$	Réponse impulsionnelle du filtre de réception
$s(t)$	Signal OFDM continu émis (ECBB : équivalent complexe en bande de base)
$r(t)$	Signal OFDM continu reçu (ECBB)
$\mathbf{X}_{[k_1:k_2, m_1:m_2]}$	Sous-matrice de $\mathbf{X}$ des lignes k_1 à k_2 et des colonnes m_1 à m_2
$\delta_{k,m}$	Symbole de Kronecker
$\tanh(.)$	Tangente hyperbolique
T_{coh}	Temps de cohérence du canal

$\mathrm{Tr}(\cdot)$	Trace
$\mathrm{TF}[\cdot]$	Transformée de Fourier
$\mathrm{TZ}[\cdot]$	Transformée en z
$\sigma^2_{\alpha_l}$	Variance du gain complexe du trajet l
σ^2	Variance du bruit après démodulation OFDM
$\mathrm{diag}\{\mathbf{X}\}$	Vecteur dont les éléments sont les éléments de la diagonale principale de $\mathbf{X}$
$\mathbf{x}$	Vecteur $\mathbf{x}$ (lettre minuscule en gras)
v_m	Vitesse du récepteur (mobile)

Liste de Sigles

ADSL	Asymmetrical Digital Subscriber Lines
BCRB	Bornes de Cramér-Rao Bayesienne
BCRBA	Borne de Cramér-Rao Bayesienne Asymptotique
BCRBM	Borne de Cramér-Rao Bayesienne Modifiée
BCRS	Borne de Cramér-Rao Standard
BM	Borne Minimale
BBAG	Bruit Blanc Additif Gaussien
CDMA	Code Division Multiple Access
DSP	Densité Spectrale de Puissance
DAB	Digital Audio Brodcasting
DVB-T	Digital Video Brodcasting Terrestrial
ETSI	European Telecommunications Standards Institute
GSM	Global System for Mobile communications
HIPERLAN	High Performance Local Area Network
iid	Indépendants et identiquement distribués
IEP	Interférence Entre sous Porteuses
IES	Interférence Entre Symboles
IPB	Interpolation Passe-Bas
IEEE	Institute of Electrical and Electronics Engineer

LMMSE	Linear Minimum Mean Square Error
LS	Least Square
MAC	Medium Access Control
MMSE	Minimum Mean Square Error
MIMO	Multiple Input Multiple Output
NLOS	No line of Sight
OFDM	Orthogonal Frequency Division Multiplexing
QAM	Quadrature Amplitude Modulation
RSB	Rapport Signal sur Bruit
RI	Réponse Impulsionnelle
RIF	Réponse Impulsionnelle Finie
SSI	Suppression Successive des Interférences
TEB	Taux d'Erreur Binaire
TF	Transformée de Fourier
TFD	Transformée de Fourier Discrète
TFDI	Transformée de Fourier Discrète Inverse
VDSL	Very high bit rate Digital Subscriber Lines
WSSUS	Wide Sense Stationary Uncorrelated Scatters
WLAN	Wireless Local Access Network
WIMAX	Worldwide Interoperability for Microwave Access

Introduction

Au cours des dernières décennies, les systèmes de communication ont réalisé une révolution véritable. L'un des événements les plus spectaculaires, c'est que la connexion câblée traditionnelle est, dans une large mesure sinon totalement, remplacée par la connexion sans fil à une vitesse exponentielle.

Les systèmes de communication sans fil ont gagné une énorme popularité par rapport aux systèmes câblés, principalement parce qu'ils sont dans de nombreuses applications beaucoup moins coûteux à mettre en œuvre. Par ailleurs, dans des endroits où l'environnement entrave le déploiement du câble, la connexion radio reste le seul moyen de communication. En gardant le meilleur pour la fin, les systèmes de communication sans fil permettent l'utilisation des mobiles. En revanche, il est plus difficile pour un système d'ingénierie de maintenir une communication fiable sur les canaux sans fil (transmission en radio-fréquence) que sur les canaux avec câble. Le phénomène de propagation multi-trajet entraîne le plus souvent des situations hostiles et imprévisibles avec le moindre petit changement dans l'environnement. Les techniques de traitement de signal jouent donc un rôle extrêmement important pour surmonter ces problèmes.

Une des réalisations les plus bénéfiques de traitement du signal sur la couche physique peut être l'emploi de la modulation à base de porteuses orthogonales, l'OFDM (Orthogonal Frequency Division Multiplexing), qui sera le principal sujet de recherche dans cette thèse. La modulation OFDM a été mise en avant comme une solution supérieure pour luter contre la propagation à trajets multiples, et elle est adoptée dans de nombreux protocoles de communication contemporains. Malgré ses nombreux avantages, la performance de l'OFDM est beaucoup moins satisfaisante dans un scénario de communication à grande mobilité, où l'effet Doppler joue un rôle important. Dans ce cas, les techniques traditionnelles, qui sont utilisées avec succès pour l'estimation de canal ou l'égalisation dans un environnement statique, fonctionneront de manière trés dégradée. Voyant la demande croissante pour les communications à grande mobilité, l'objectif de cette thèse est de proposer quelques solutions efficaces et encore abordables pour ces problèmes.

Dans les prochaines sections, nous allons d'abord faire une description des caractéristiques des canaux radio-fréquence, en se concentrant sur l'effet Doppler en cas de mobilité. Ensuite, une description rapide des systèmes OFDM sera donnée ainsi qu'un état de l'art sur l'estimation de canal. Enfin, nous mettrons le plan de cette thèse.

Chapitre 1

Canal Radio-Mobile, OFDM, et Estimation de Canal

Sommaire

1.1 Canal Radio-Mobile 18

1.1.1 Caractéristiques du canal radio-mobile 18

1.1.2 Modèle mathématique du canal physique en mobilité 19

1.1.3 Modèle aléatoire de Rayleigh et effet Doppler 21

1.1.4 Ordre de grandeur 22

1.2 Système OFDM 23

1.2.1 Introduction 23

1.2.2 Historique et principe 23

1.2.3 Modèles mathématiques de l'OFDM 25

1.2.3.1 Modèle analogique 25

1.2.3.2 Modèle discret 29

1.2.4 Interférence entre porteuses due à l'effet Doppler 31

1.3 Estimation de canal pour les systèmes OFDM 36

1.3.1 Introduction 36

1.3.2 État de l'Art 36

1.4 Contribution et organisation du document 39

1.4.1 Objectifs de la thèse, démarche, et principales contributions . . . 39

1.4.2 Plan du document 40

1.5 Conclusion 41

1.1 Canal Radio-Mobile

1.1.1 Caractéristiques du canal radio-mobile

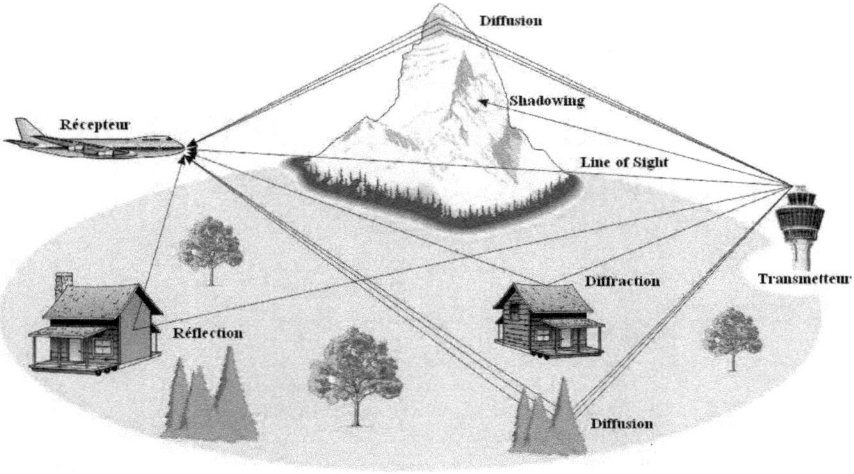

FIGURE 1.1 – Scénario typique de propagation radio-mobile

La transmission de l'information sur la voie radio dans les systèmes mobiles s'effectue soit depuis une station de base vers un mobile (liaison descendante ou "downlink"), soit depuis un mobile vers la station de base (liaison montante ou "uplink"). Nous considérons par défaut la liaison descendante. Les conditions de propagation sont très variables et dépendent de l'environnement. La figure 1.1 représente un exemple de scénario typique de propagation radio-mobile en milieu rural, de la station de base vers le mobile. Les mécanismes de propagation qui se produisent, en communication sans fils, sont :

- la réflexion ("reflection") : elle se produit lorsqu'une onde électromagnétique rencontre des surfaces lisses de très grandes dimensions par rapport à sa longueur d'onde (λ), comme par exemple la surface de la terre, les bâtiments et les murs.
- la diffraction : elle se produit lorsqu'un obstacle épais et de grande dimension par rapport à sa longueur d'onde obstrue l'onde électromagnétique entre l'émetteur et le récepteur. Dans ce cas, des ondes secondaires sont générées et se propagent derrière l'obstacle ("shadowing").
- la diffusion ("scattering") : elle se produit lorsque l'onde rencontre un obstacle dont l'épaisseur est de l'ordre de sa longueur d'onde, comme par exemple les lampadaires et les feux de circulation. Dans ce cas, l'énergie est dispersée dans toutes les directions.

Le signal transmis doit faire face aux pertes de propagation dues à la distance, aux atténuations induites par les obstacles qu'il trouve sur son parcours et aux évanouissements suscités par l'existence de trajets multiples. De ce fait, le signal reçu est une combinaison de plusieurs trajets dont les amplitudes, les déphasages, les décalages Doppler et les retards diffèrent. Le canal radio-mobile est donc un canal fluctuant à trajet multiples. D'une manière générale, le phénomène qui se traduit par une variation de la puissance du signal mesurée à la réception, en fonction du temps ou de la distance qui sépare l'émetteur du récepteur, est connu sous le nom d' *évanouissement* ("fading"). D'après cette définition, on peut classer les canaux radio-mobiles en deux catégories : « évanouissement à long terme » et « évanouissement à court terme » [Rapp 99].

L'évanouissement à long terme se manifeste lorsque la distance qui sépare l'émetteur du récepteur est importante (de quelques dizaines à quelques milliers de mètres). Il est généralement causé par l'obstruction des ondes par les obstacles (immeubles, forêts, collines, etc.) ou à la forme du terrain. En pratique, cet évanouissement est modélisé d'après des équations qui déterminent « l'affaiblissement de parcours » ("path-loss"). Statistiquement, de nombreuses études le caractérisent comme une variable aléatoire de loi log-normale qui vient apporter une certaine incertitude à l'atténuation.

L'évanouissement à court terme se réfère à l'évolution spectaculaire de l'amplitude et de la phase du signal sur une courte période de temps. Cette variation rapide est due aux trajets multiples générés par les divers réflecteurs et diffuseurs de la liaison. Le moindre mouvement du mobile engendrera de très fortes fluctuations d'amplitude de l'enveloppe du signal reçu. Statistiquement, ces fluctuations d'enveloppe à court terme sont généralement caractérisées par une loi de Rayleigh ou de Rice [Proa 00]. La première correspond généralement au milieu urbain, quand il n'y a pas une ligne visuelle directe (NLOS : no line-of-sight), tandis que la seconde correspond au milieu rural, quand il y a une ligne visuelle directe (LOS). Dans la suite, nous ne nous intéressons plus qu'au deuxième phénomène, évanouissement à court terme, avec une loi de Rayleigh.

1.1.2 Modèle mathématique du canal physique en mobilité

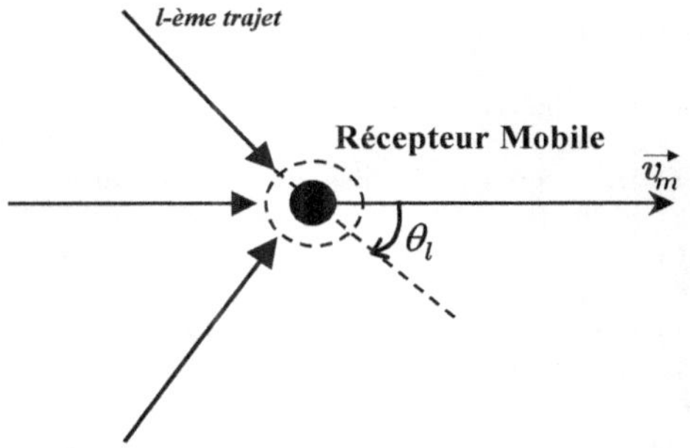

FIGURE 1.2 – Trajets multiples dans l'environnement du mobile en mouvement

En raison des dispersions et des réflexions sur les obstacles du milieu de propagation, le signal reçu $r(t)$ est composé par une superposition de versions retardées et atténuées du signal émis $s(t)$. Le signal reçu en bande de base (équivalent complexe) s'écrit donc :

$$r(t) = \sum_{l=1}^{L} \alpha_l(t) s\big(t - \tau_l(t)\big) \quad (1.1)$$

avec

- L est le nombre de trajets.
- $\tau_l(t)$ est le retard de propagation associé au l-ème trajet.

- $\alpha_l(t)$ est l'amplitude ou gain complexe associé au l-ème trajet.

On en déduit alors la forme de la réponse impulsionnelle du canal physique en bande de base :

$$h(t,\tau) = \sum_{l=1}^{L} \alpha_l(t)\delta(\tau - \tau_l(t)) \quad (1.2)$$

Le modèle du canal est donc représenté comme un filtre à Réponse Impulsionnelle Finie (RIF) évolutif au cours du temps. Notons que si le mobile (récepteur) est fixe, les paramètres du canal $\{\alpha_l(t), \tau_l(t)\}$ sont invariants dans le temps.

Pour évaluer l'évolution de ces paramètres, le plus naturel consiste à décrire le déplacement du mobile par un mouvement uniforme avec une vitesse v_m entre l'émetteur et le récepteur, et à introduire un angle d'arrivé θ_l par rapport au vecteur vitesse de déplacement du mobile pour chaque trajet (voir figure 1.2). Ce modèle d'évolution déterministe ne décrit pas exactement la réalité d'une transmission en radio-mobile. Pour mieux représenter l'observation, il faudra compléter ce modèle ultérieurement par une description aléatoire.

À cause du déplacement uniforme, le retard de propagation relatif au trajet l varie linéairement en fonction du temps :

$$\tau_l(t) = \tau_l(0) + \frac{v_m}{c}\cos(\theta_l)t \quad (1.3)$$

avec c la célérité de l'onde radio-électrique. La variation linéaire du retard entraîne une variation linéaire de la phase $\phi_l(t)$ du gain complexe $\alpha_l(t)$:

$$\phi_l(t) = \phi_l(0) - 2\pi f_d \cos(\theta_l)t \quad (1.4)$$

avec $f_d = \frac{v_m}{c} f_0$ la fréquence Doppler et f_0 la fréquence porteuse. Étudions maintenant les variations du retard et de la phase. Par exemple avec des ordres de grandeurs de la norme IEEE802.16e ($f_0 = 5GHz$, durée d'un symbole OFDM : $T = 72\mu s$, bande du signal OFDM : $\frac{1}{T_s} = 2MHz$), pour une vitesse de mobile $v_m = 280km/h$, la fréquence Doppler est $f_d = 1300Hz$, ce qui entraîne une variation maximale du retard durant 1000 symboles OFDM de $\frac{v_m}{c}.1000T = 19ns$ et une variation maximale de la phase durant un symbole OFDM de $2\pi f_d T = 34^o$. On peut donc conclure que pour une émission de plusieurs centaines de symboles sur laquelle est réalisée l'estimation de canal, les retards des trajets pourront toujours être considérés comme fixes (vis à vis de la résolution temporelle $T_s = 0.5\mu s$), en raison d'une vitesse de déplacement du mobile très faible par rapport à la célérité de l'onde radio-électrique. En revanche, compte tenu de la fréquence porteuse élevée, un déplacement infime pourra entraîner des variations non négligeables de phase, et par conséquent des variations non négligeables de gain complexe.

Suite aux remarques précédentes, pour des véhicules à vitesse élevée, les retards des trajets sont considérés fixes, mais pas les gains complexes. Pour l'estimation du canal par slot de communication, il faudra donc réaliser une première estimation des retards au début de la communication, mais il ne sera pas forcément nécessaire de prévoir une mise à jour de cette estimation. Par contre, un suivi des gains complexes devra être mis en place. Le modèle dynamique de la RI du canal en bande de base devient ainsi :

$$h(t,\tau) = \sum_{l=1}^{L} \alpha_l(t)\delta(\tau - \tau_l \times T_s) \quad (1.5)$$

où τ_l sont les retards normalisés par rapport à T_s (τ_l ne sont pas nécessairement des entiers). Dans le cadre de cette thèse, nous traitons ce type de modèle.

1.1.3 Modèle aléatoire de Rayleigh et effet Doppler

La modélisation la plus classique du canal consiste à considérer que sa RI est stationnaire au sens large (WSS : wide sense stationary) et que les diffuseurs sont non corrélés (US : uncorrelated scatters). Ce modèle WSSUS a été introduit par P.A. Bello en 1963 [Bell 63]. L'expérience montre qu'elle caractérise bien les variations à court terme pour des déplacements jusqu'à quelques dizaines de longueur d'onde.

Pour un modèle du type WSSUS, les paramètres statistiques du canal peuvent être caractérisés par 4 fonctions d'autocorrélation définies chacune en fonction de deux variables temporelles et fréquentielles. Ces fonctions sont liées deux à deux par des Transformées de Fourier (TF). La fonction de diffusion est la plus utilisée, délivrant un profil de puissance dans le plan retard-Doppler. La « fonction d'autocorrélation temps-fréquence » du canal (spaced-time spaced-frequency correlation function), notée $R_H(\Delta t, \Delta f)$, permet de formaliser les notions de temps de cohérence T_{coh} et de bande de cohérence B_{coh}. Cette fonction ne dépend pas des dates (t_1, t_2) et des fréquences (f_1, f_2) en absolu mais seulement de leurs écarts $\Delta t = t_1 - t_2$ et $\Delta f = f_1 - f_2$ en raison respectivement des hypothèses WSS et US. Sa définition est donnée à partir de la réponse en fréquence du canal variant au cours du temps $H(t, f) = \mathrm{TF}_\tau[h(t, \tau)]$ par :

$$R_H(\Delta t, \Delta f) = \mathrm{E}[H(t, f)H^*(t - \Delta t, f - \Delta f)] \tag{1.6}$$

On a alors :
- Temps de cohérence : $T_{coh} = \mathrm{support}\{R_H(\Delta t, 0)\} \approx \frac{1}{f_d}$
- Bande de cohérence : $B_{coh} = \mathrm{support}\{R_H(0, \Delta f)\} \approx \frac{1}{\tau_{max}}$

avec τ_{max} l'excursion maximale du canal (étalement des délais en seconde). Le temps de cohérence du canal mesure la séparation temporelle minimale pour laquelle les réponses du canal à l'émission de deux impulsions sont décorrélées, tandis que la bande de cohérence du canal correspond à l'écart fréquentiel minimal pour que deux composantes spectrales du canal soient décorrélées.

Un canal est dit sélectif en temps lorsque la durée du symbole transmis n'est pas faible relativement au temps de cohérence. Il est dit sélectif en fréquence lorsque la largeur de bande du signal n'est pas faible par rapport à la bande de cohérence du canal. Dans ce cas, certaines fréquences du signal sont atténuées d'une façon différente que d'autres fréquences. Dans cette étude, nous nous sommes uniquement intéressés aux canaux très sélectifs en temps et en fréquence.

La modélisation aléatoire consiste à décrire les gains complexes des trajets $\alpha_l(t)$ par une loi de distribution et une fonction d'autocorrélation, noté $R_{\alpha_l}(\Delta t)$. Les amplitudes complexes des différents trajets sont indépendantes entre elles. Dans le cas du modèle de Rayleigh (NLOS), la loi de probabilité du gain complexe du trajet l est Gaussienne de variance $\sigma^2_{\alpha_l}$, ce qui donne :
- les parties réelles et imaginaires de $\alpha_l(t)$ sont des variables Gaussiennes non corrélées entre elles.
- le module $\rho_l(t) = \|\alpha_l(t)\|$ suit alors une loi de Rayleigh, donnée par :

$$p(\rho_l) = \begin{cases} \frac{\rho_l}{\sigma^2_{\alpha_l}} e^{-\frac{\rho_l^2}{2\sigma^2_{\alpha_l}}} & \text{si } \rho_l \geq 0 \\ 0 & \text{si } \rho_l < 0 \end{cases} \tag{1.7}$$

- la phase $\phi_l(t)$ du gain complexe est uniformément distribuée entre 0 et 2π

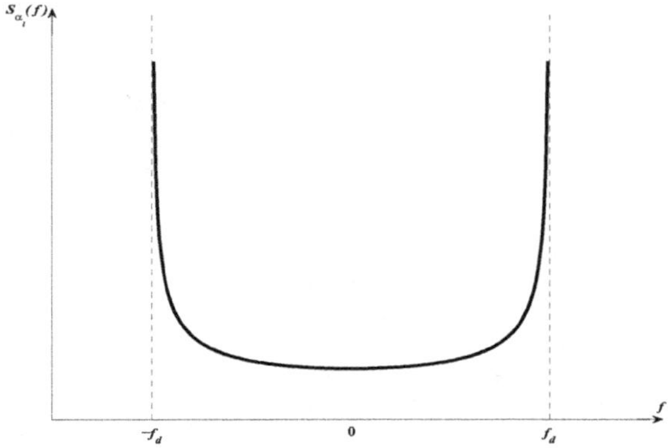

FIGURE 1.3 – Spectre Doppler en U associé au l-ème trajet

La fonction d'autocorrélation est définie, et calculée pour un environnement isotrope, par [Clar 68] [Jake 83] :

$$R_{\alpha_l}(\Delta t) \quad = \quad \mathrm{E}\big[\alpha_l(t)\alpha_l(t-\Delta t)^*\big] \quad = \quad \sigma^2_{\alpha_l} J_0(2\pi f_d \Delta t) \tag{1.8}$$

où $J_0(\cdot)$ est la fonction de Bessel de première espèce d'ordre 0. On associe un spectre Doppler à chaque trajet qui peut se déduire par transformée de Fourier de la fonction d'autocorrélation $R_{\alpha_l}(\Delta t)$:

$$S_{\alpha_l}(f) \quad = \quad \mathrm{TF}_{\Delta t}\big[R_{\alpha_l}(\Delta t)\big] = \begin{cases} \dfrac{\sigma^2_{\alpha_l}}{\pi f_d \sqrt{1-\left(\frac{f}{f_d}\right)^2}} & \text{si } |f| \leq f_d \\ 0 & \text{si } |f| > f_d \end{cases} \tag{1.9}$$

Ce spectre Doppler est appelé spectre de Jakes ou en U en raison de sa forme donnée en figure 1.3. Une description plus détaillée sur les caractéristiques des canaux radio-mobile existe dans les thèses [Ros 01] [Simo 04].

1.1.4 Ordre de grandeur

L'ETSI (European Telecommunications Standards Institute) a proposé des ordres de grandeur pour les paramètres des modèles aléatoire de canaux. Dans le cadre de cette thèse, nous considérons le canal radio-mobile à trajet multiples de type Rayleigh avec un spectre de Jakes, conformément à la norme GSM (Global System for Mobile communications) 05.05 de l'ETSI [Euro 93] [Zhao 97]. Ce canal GSM est composé de $L = 6$ trajets dont les paramètres sont résumés dans le tableau 1.1. Ce canal est normalisé en puissance, *i.e.*, $\sum_{l=1}^{L} \sigma^2_{\alpha_l} = 1$. Toutes les simulations de ce mémoire sont réalisées avec ce canal .[1]. Mais évidemment, ce canal n'est choisi qu'a titre d'exemple pour les simulations. Notre travail s'appliquera à tout canal à trajets multiples sélectif en fréquence et en temps. Notons que $\frac{1}{T_s} = 2MHz$ est la bande du signal OFDM utilisée dans la norme IEEE802.16e.

1. nous avons retenu ce canal car utilisé par l'article de référence [Zhao 97] sur les méthodes conventionnelles d'estimation en OFDM

Canal de Rayleigh			
Numéro de trajet	$\sigma^2_{\alpha_l}$(dB)	$\tau_l \times T_s(\mu s)$	τ_l (échantillons) pour la simulation
1	-7.219	0	0
2	-4.219	0.2	0.4
3	-6.219	0.5	1
4	-10.219	1.6	3.2
5	-12.219	2.3	4.6
6	-14.219	5	10

TABLE 1.1 – Paramètres du canal (GSM)

1.2 Système OFDM

1.2.1 Introduction

Une des solutions utilisées pour transmettre un signal à travers un canal sélectif en temps et en fréquence, sans interférence entre symboles (IES), est de choisir la largeur de bande du signal bien plus grande que l'élargissement Doppler et bien plus faible que la bande de cohérence du canal. Ceci n'est possible que si $f_d \times \tau_{max} << 1$. Dans ce cas favorable, on pourra choisir la durée d'un symbole, T, telle que $\tau_{max} << T << T_{coh}$. Ces hypothèses correspondent à un signal bande étroite à faible débit. Pour réaliser une transmission à haut débit, il est alors nécessaire de transmettre un grand nombre de ces signaux bande étroite sur des porteuses situées en fréquence aussi proches que possible les unes des autres. Tel est le principe de base des systèmes de transmissions multi-porteuses dont fait partie l'OFDM. Ce système donne ainsi entière satisfaction tant que la vitesse du mobile ou la fréquence porteuse ne sont pas élevées au point de sortir de la condition favorable $T_{coh} >> \tau_{max}$. L'argument majeur de l'OFDM est qu'il transforme un canal large bande très sélectif en temps et en fréquence en une multitude de canaux à bande étroite non sélectifs en fréquence.

1.2.2 Historique et principe

Le concept de modulation multi-porteuses a été introduit à la fin des années 50 et 60 et a été utilisée dans des systèmes de communications hautes fréquences militaires, tels que les systèmes Kineplex, ANDEFT et KATHRYN. Quelques années plus tard, R. W. Chang et R. A. Gibby améliorent le concept en introduisant la notion de signaux orthogonaux à bande limitée [Chan 66] [Chan 68], concept que l'on appellera par la suite Orthogonal Frequency Division Multiplexing (OFDM). La méthode qu'ils proposent à l'époque consiste à synthétiser des fonctions temporelles orthogonales à bande limitée en utilisant des filtre de Nyquist avec un roll-off doux. Du fait de sa complexité à générer des bancs de filtres de sinusoïdes, l'OFDM n'a pas tout de suite intéressé les industriels civils.

En 1971, S. Weinstein et P. Ebert simplifient le schéma de modulation-démodulation en utilisant la transformée de Fourier discrète inverse (TFDI) à l'émetteur et TFD au récepteur [Wein 71], plus simple à utiliser et surtout plus facile à implémenter sous forme d'algorithme rapide.

Pour des transmissions radio-fréquence sans mobilité, l'OFDM initiale était prometteuse mais n'était pas entièrement robuste au phénomène multi-trajet. En effet, le chevauchement en réception de plusieurs versions retardées du signal émis entraînait d'une part l'interférence entre symboles successifs (IES, en anglais "ISI"), et d'autre part l'interférence entre porteuses (IEP, en anglais "ICI"). Dans ce cas statique, l'IEP était due à la perte d'orthogonalité entre les formes d'ondes retardées entre elles par le canal. L'ajout d'un simple intervalle de garde suffisamment long permettait d'éviter l'IES mais la présence d'IEP restait problématique.

En 1980, A. Peled et A. Ruiz ont résolu ce problème en proposant l'ajout d'un intervalle de garde cyclique (cyclic prefix) [Pele 80] où la fin du signal OFDM est recopiée dans l'intervalle de garde. Grâce aux propriétés des fonctions exponentielles, l'orthogonalité entre les formes d'ondes retardées pouvait alors être conservée. Dès lors, l'OFDM devient une technique extrêmement attractive pour des récepteurs à faibles vitesses (*i.e*, $f_dT << 1$).

En 1985, L. J. Cimini a étudié cette technique pour des communications radio-mobiles [Cimi 85]. Il insiste notamment sur la diversité fréquentielle intrinsèque des modulations multi-porteuses permettant de décorréler l'influence du canal à évanouissement sur les symboles transmis. Deux ans plus tard, R. Lasalle et M. Alard ont proposé un système de télévision numérique dont la partie modulation est basée sur la technique OFDM [Lasa 87]. En 1995, l'ETSI (European Telecommunications Standards Institute) a établi le premier standard basé sur l'OFDM : la radiodiffusion numérique terrestre DAB (Digital Audio Brodcasting). La norme de télévision numérique terrestre DVB-T (Digital Video Brodcasting Terrestrial) l'adopte à son tour peu de temps après. Dans le cadre de réseau d'accès câblé, l'OFDM est également utilisée dans les systèmes ADSL (Asymmetrical Digital Subscriber Lines) et VDSL (Very high bit rate Digital Subscriber Lines).

Enfin, plus récemment, l'OFDM se trouve dans plusieurs standards comme ceux des réseaux locaux sans fils WLAN (Wireless Local Access Network) : IEEE 802.11 (Institute of Electrical and Electronics Engineer) et ETSI HIPERLAN/2 (High Performance Local Area Network). Dans la future norme d'accès sans fil, IEEE802.16, qui est également appelé WIMAX (Worldwide Interoperability for Microwave Access), la technique OFDM est adoptée dans la définition des couches physique et MAC (Medium Access Control).

Par conséquent, il y a eu également de nombreux travaux de recherche et thèses sur le sujet. Rien qu'en France, on peut par exemple citer [Akmo 00], ou [Crus 05] pour des communications sur ligne d'énergie, ou [Bouv 06] [Guil 05] en association avec les techniques MIMO, ou [Morl 00] pour des applications satellite, ou [Nass 06] en combinaison avec le CDMA.

En résumé, l'idée principale de l'OFDM est de diviser la bande spectrale disponible dans des sous-canaux (sous-porteuses). En rendant tous les sous-canaux à bande étroite, pour rendre le canal non sélectif en fréquence pour chaque sous-porteuse, l'égalisation sera plus simple. Pour obtenir une efficacité spectrale élevée les réponses fréquentielles des sous-canaux sont en partie non disjointes mais orthogonales, d'où le nom OFDM. Avec un canal statique, cette orthogonalité peut être complètement maintenue, quoique le signal traverse un canal dispersif en temps, grâce à l'insertion d'un préfixe cyclique qui contient une copie de la fin du symbole OFDM. L'objectif de l'insertion d'un préfixe cyclique est d'absorber l'IES et l'IEP, du moins dans le cas d'un canal invariant dans le temps. Pour cette raison, la taille de l'intervalle de garde doit être choisie plus grande que l'étalement maximal des retards τ_{max}.

Néanmoins, il en résulte des tailles de symbole importantes, ce qui rend la modulation OFDM très sensible aux canaux à variations rapides, c'est à dire à l'effet Doppler. Comme nous le détaillerons dans la sous-section 1.2.4, un canal à variation non négligeable durant un symbole OFDM (*i.e*, non respect de $f_d T << 1$) entraînera la perte d'orthogonalité entre les sous-porteuses, qui se traduira par de l'IEP.

1.2.3 Modèles mathématiques de l'OFDM

L'OFDM peut être modélisée de plusieurs manières. Au cours de sa longue histoire, sa représentation a évolué avec les innovations technologiques. Nous présenterons en premier lieu la représentation continue du système OFDM, à partir de laquelle nous établirons ensuite la modélisation discrète en bande de base.

1.2.3.1 Modèle analogique

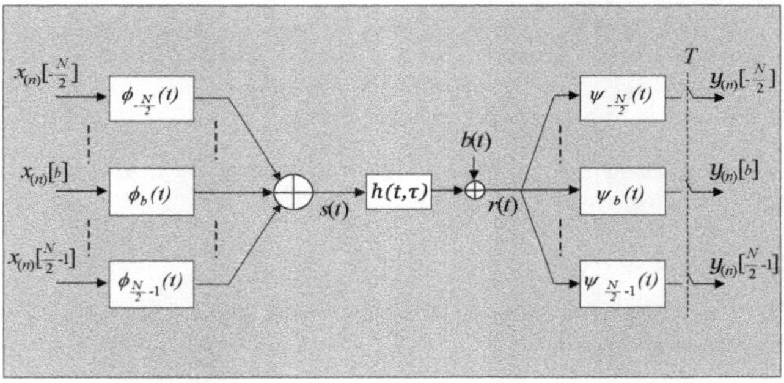

FIGURE 1.4 – Système OFDM en bande de base à temps continu

Le modèle du système OFDM à temps continu est illustré dans la figure 1.4.

- **L'émetteur** :

Considérons un système OFDM comportant N sous-porteuses complexes orthogonales réparties dans une bande de largeur $W = \frac{1}{T_s}$ et transmettant des symboles de durée T secondes, comprenant un préfixe cyclique de durée T_g. Cet émetteur utilise les formes d'ondes suivantes :

$$\phi_b(t) = \begin{cases} e^{j2\pi\frac{b}{T_u}t} & t \in [-T_g,\ T_u] \\ 0 & \text{ailleurs} \end{cases} \tag{1.10}$$

avec $b \in \left[-\frac{N}{2},\ \frac{N}{2}-1\right]$, $T_u = NT_s$, $T_g = N_g T_s$ et $T = T_u + T_g$. Notons que : $\phi_b(t) = \phi_b(t+T_u)$ lorsque t décrit le préfixe cyclique $[-T_g,\ 0]$. Ces formes d'ondes vérifient la relation d'orthogonalité suivante :

$$\frac{1}{T_u}\int_0^{T_u} \phi_b(t)\phi_{b'}^*(t)dt = \delta_{b,b'} \tag{1.11}$$

où $\delta_{b,b'}$ représente le symbole de Kronecker. L'équivalent en bande de base (*i.e.*, sur la bande fréquentielle $[-\frac{W}{2},\ \frac{W}{2}]$) du signal transmis pour le n-ème symbole OFDM est :

$$s_{(n)}(t) = \sum_{b=-\frac{N}{2}}^{\frac{N}{2}-1} x_{(n)}[b]\phi_b(t-nT) \tag{1.12}$$

où $\{x_{(n)}[-\frac{N}{2}],\ x_{(n)}[-\frac{N}{2}+1], ..., x_{(n)}[\frac{N}{2}-1]\}$ sont les symboles d'information émis tous les T_s, provenant d'une constellation choisie. Ces symboles sont centrés, indépendants et normalisés (*i.e.*, $\mathrm{E}\left[\mathbf{x}_{(n)}[b]\mathbf{x}^*_{(n)}[b]\right] = 1$). Lorsqu'une séquence infinie de symboles OFDM est transmise, le signal en sortie de l'émetteur est une juxtaposition de symboles OFDM :

$$s(t) = \sum_{n=-\infty}^{\infty} s_{(n)}(t) = \sum_{n=-\infty}^{\infty} \sum_{b=-\frac{N}{2}}^{\frac{N}{2}-1} x_{(n)}[b]\phi_b(t-nT) \tag{1.13}$$

- **Le canal physique** :

On suppose que le support de la réponse impulsionnelle du canal physique $h(t,\tau)$ (variable en temps et en fréquence) est restreint à l'intervalle $\tau \in [0,\ T_g]$ (*i.e.*, $\tau_{max} \leq T_g$). Le signal reçu devient :

$$r(t) = (h \otimes s)(t) + b(t) = \int_0^{T_g} h(t,\tau)s(t-\tau)d\tau + b(t) \tag{1.14}$$

où $b(t)$ est un Bruit Blanc Additif Gaussien (BBAG) complexe centré circulaire de Densité Spectrale de Puissance (DSP) bilatérale N_0 par dimension (*i.e.*, pour la partie réelle et la partie imaginaire).

- **Le récepteur** :

Le récepteur consiste à un banc de filtres, adapté à la dernière partie $[0,\ T_u]$ des formes d'ondes de l'émetteur, c'est à dire :

$$\psi_b(t) = \begin{cases} \frac{1}{T_u}\phi_b^*(-t) & t \in [-T_u,\ 0] \\ 0 & \text{ailleurs} \end{cases} \tag{1.15}$$

Ceci signifie en clair que le préfixe cyclique est retiré à la réception. Puisque le préfixe cyclique contient, par définition, toute l'interférence entre symboles OFDM provenant du symbole précédent, le signal échantillonné en sortie du banc de filtres du récepteur ne contient pas d'IES. En utilisant (1.13), (1.14) et (1.15), on obtient la k-ème sous-porteuse reçu durant le n-ème symbole OFDM :

$$y_{(n)}[b] = y_b(t)\big|_{t=nT} = \int_{-\infty}^{+\infty} r(t)\psi_b(nT-t)dt =$$

$$\sum_{n'=-\infty}^{\infty} \sum_{b'=-\frac{N}{2}}^{\frac{N}{2}-1} x_{(n')}[b'] \int_{nT}^{nT+T_u} \left(\int_0^{T_g} h(t,\tau)\phi_{b'}(t-n'T-\tau)d\tau \right) \psi_b(nT-t)dt + \int_{nT}^{nT+T_u} b(t)\psi_b(nT-t)dt \tag{1.16}$$

avec $y_b(t) = (r \otimes \psi_b)(t)$. Notons que $\phi_{b'}(t-n'T-\tau) \neq 0$ pour $t \in [n'T+\tau-T_g,\ n'T+T_u+\tau]$. Puisque $\tau \leq T_g$, alors les deux intervalles, $[n'T+\tau-T_g,\ n'T+T_u+\tau]$ et $[nT,\ nT+T_u]$, ne se chevauchent que pour $n' = n$. Ceci vérifie que l'insertion d'un préfixe cyclique $T_g \geq \tau_{max}$ supprime l'IES. L'équation (1.16) devient donc :

$$y_{(n)}[b] = \sum_{b'=-\frac{N}{2}}^{\frac{N}{2}-1} x_{(n)}[b'] \int_{nT}^{nT+T_u} \left(\int_0^{T_g} h(t,\tau)\phi_{b'}(t-nT-\tau)d\tau \right) \psi_b(nT-t)dt + w_{(n)}[b] \tag{1.17}$$

où $w_{(n)}[b] = \int_{nT}^{nT+T_u} b(t)\psi_b(nT-t)dt$ est un bruit blanc complexe Gaussien centré de variance $\sigma^2 = \frac{2N_0}{T_u}$ (soit $\frac{N_0}{T_u}$ par dimension). Grâce à la forme exponentielle complexe de $\phi_{b'}(t)$, l'intégrale intérieure peut être écrite comme :

$$\begin{aligned}\int_0^{T_g} h(t,\tau)\phi_{b'}(t-nT-\tau)d\tau &= \phi_{b'}(t-nT)\int_0^{T_g} h(t,\tau)e^{-j2\pi\frac{b'}{T_u}\tau}d\tau \\ &= \phi_{b'}(t-nT)H\Big(t,b'\frac{W}{N}\Big) \qquad (1.18)\end{aligned}$$

où $H(t, b'\frac{W}{N})$ est l'échantillon prélevé à la fréquence $f = b'\frac{W}{N}$ (*i.e.*, la b'-ème fréquence sous-porteuse) de la transformée de Fourier de $h(t,\tau)$ (*i.e.*, $H(t,f) = \mathrm{TF}_\tau\big[h(t,\tau)\big]$). En utilisant cette notation, on peut simplifier (1.17) :

$$\begin{aligned}y_{(n)}[b] &= \sum_{b'=-\frac{N}{2}}^{\frac{N}{2}-1} x_{(n)}[b']\frac{1}{T_u}\int_0^{T_u} H\Big(t+nT,b'\frac{W}{N}\Big)\phi_{b'}(t)\phi_b^*(t)dt + w_{(n)}[b] \\ &= \sum_{b'=-\frac{N}{2}}^{\frac{N}{2}-1} H_{(n)}[b,b']x_{(n)}[b'] + w_{(n)}[b] \qquad (1.19)\end{aligned}$$

avec

$$H_{(n)}[b,b'] = \frac{1}{T_u}\int_0^{T_u} H\Big(t+nT,b'\frac{W}{N}\Big)e^{j2\pi\frac{b'-b}{T_u}t}dt \qquad (1.20)$$

Pour approcher la valeur de l'intégrale ci-dessus, on utilise la méthode du rectangle avec un pas de subdivision T_s. On obtient donc :

$$H_{(n)}[b,b'] \approx \frac{1}{N}\sum_{q=0}^{N-1} H\Big(qT_s+nT,b'\frac{W}{N}\Big)e^{j2\pi\frac{b'-b}{N}q} \qquad (1.21)$$

La k-ème sous-porteuse reçu $y_{(n)}[b]$ peut être représentée comme une somme de trois termes :

$$y_{(n)}[b] = H_{(n)}[b,b]x_{(n)}[b] + IEP_{(n)}[b] + w_{(n)}[b] \qquad (1.22)$$

où $IEP_{(n)}[b]$ est l'interférence entre sous-porteuses sur la b-ème sous-porteuse durant le n-ème symbole OFDM, définie par :

$$IEP_{(n)}[b] = \sum_{\substack{b'=-\frac{N}{2} \\ b'\neq b}}^{\frac{N}{2}-1} H_{(n)}[b,b']x_{(n)}[b'] \qquad (1.23)$$

En utilisant les notations matricielles, on décrit l'équation globale du système OFDM par :

$$\mathbf{y}_{(n)} = \mathbf{H}_{(n)}\,\mathbf{x}_{(n)} + \mathbf{w}_{(n)} \qquad (1.24)$$

où $\mathbf{x}_{(n)}$ est le n-ème symbole OFDM transmis, $\mathbf{y}_{(n)}$ est le n-ème symbole OFDM reçu, $\mathbf{w}_{(n)}$ est le bruit complexe durant le n-ème symbole OFDM et $\mathbf{H}_{(n)}$ est la matrice du canal durant le n-ème symbole OFDM. $\mathbf{x}_{(n)}$, $\mathbf{y}_{(n)}$ et $\mathbf{w}_{(n)}$ sont des vecteurs de tailles $N \times 1$ et $\mathbf{H}_{(n)}$ est une matrice de taille $N \times N$, définis par :

$$\begin{aligned}
\mathbf{x}_{(n)} &= \Big[x_{(n)}[-\frac{N}{2}], x_{(n)}[-\frac{N}{2}+1], ..., x_{(n)}[\frac{N}{2}-1]\Big]^T \\
\mathbf{y}_{(n)} &= \Big[y_{(n)}[-\frac{N}{2}], y_{(n)}[-\frac{N}{2}+1], ..., y_{(n)}[\frac{N}{2}-1]\Big]^T \\
\mathbf{w}_{(n)} &= \Big[w_{(n)}[-\frac{N}{2}], w_{(n)}[-\frac{N}{2}+1], ..., w_{(n)}[\frac{N}{2}-1]\Big]^T
\end{aligned}$$

$$\mathbf{H}_{(n)} = \begin{bmatrix} H_{(n)}[-\frac{N}{2}, -\frac{N}{2}] & \cdots & H_{(n)}[-\frac{N}{2}, \frac{N}{2}-1] \\ \vdots & \ddots & \vdots \\ H_{(n)}[\frac{N}{2}-1, -\frac{N}{2}] & \cdots & H_{(n)}[\frac{N}{2}-1, \frac{N}{2}-1] \end{bmatrix}$$

La matrice du canal $\mathbf{H}_{(n)}$ contient la moyenne temporelle sur la durée effective d'un symbole OFDM de la réponse fréquentielle du canal $H_{(n)}[b, b]$ sur sa diagonale, et les coefficients de l'IEP $H_{(n)}[b, b']$, $b \neq b'$, ailleurs.

Considérons maintenant le canal radio-mobile à trajets multiples donné par (1.5) : $h(t, \tau) = \sum_{l=1}^{L} \alpha_l(t)\delta(\tau - \tau_l T_s)$, où $\{\tau_l\}$ sont les retards normalisés par T_s (τ_l n'est pas forcement un entier). Nous obtenons donc d'après (1.20) et (1.21) :

$$\begin{aligned}
H_{(n)}[b, b'] &= \frac{1}{T_u} \sum_{l=1}^{L} \left[e^{-j2\pi b' \frac{W}{N} \tau_l T_s} \int_0^{T_u} \alpha_l(t + nT) e^{j2\pi \frac{b'-b}{T_u} t} dt \right] \quad (1.25) \\
&\approx \frac{1}{N} \sum_{l=1}^{L} \left[e^{-j2\pi \frac{b'}{N} \tau_l} \sum_{q=0}^{N-1} \alpha_l^{(n)}(qT_s) e^{j2\pi \frac{b'-b}{N} q} \right] \quad (1.26)
\end{aligned}$$

avec $\alpha_l^{(n)}(qT_s) = \alpha_l(qT_s + nT)$. Notons que si le canal ne varie pas sur la durée d'un symbole OFDM, on aura d'après (1.20) :

$$H_{(n)}[b, b'] = H\Big(nT, b'\frac{W}{N}\Big) \frac{1}{T_u} \int_0^{T_u} \phi_{b'}(t) \phi_b^*(t) dt = H\Big(nT, b'\frac{W}{N}\Big) \delta_{b,b'} \quad (1.27)$$

car les filtres d'émission $\phi_{b'}(t)$ sont orthogonaux, et par conséquence $IEP_{(n)}[b] = 0$ et la matrice du canal $\mathbf{H}_{(n)}$ est une matrice diagonale. On peut alors représenter le système OFDM comme un ensemble de N canaux Gaussiens en parallèle. Dans le cas d'un canal radio-mobile à trajets multiples où les gains complexes sont invariants dans un symbole OFDM, on obtient d'après (1.25) :

$$H_{(n)}[b, b] = \sum_{l=1}^{L} \alpha_l^{(n)} e^{-j2\pi \frac{b}{N} \tau_l} \quad (1.28)$$

et par suite la matrice diagonale du canal peut être représentée comme une transformation de Fourier (calibrée selon les retards des trajets) des différents gains complexes :

$$\mathbf{H}_{(n)} = \text{diag}\{\mathbf{F}\boldsymbol{\alpha}_{(n)}\} \quad (1.29)$$

où $\mathbf{F}$ et $\boldsymbol{\alpha}_{(n)}$ sont respectivement la matrice de transformation de Fourier $N \times L$ et le vecteur $L \times 1$ donnés par :

$$\mathbf{F} = \begin{bmatrix} e^{-j2\pi\frac{-\frac{N}{2}}{N}\tau_1} & \dots & e^{-j2\pi\frac{-\frac{N}{2}}{N}\tau_L} \\ \vdots & \ddots & \vdots \\ e^{-j2\pi\frac{(\frac{N}{2}-1)}{N}\tau_1} & \dots & e^{-j2\pi\frac{(\frac{N}{2}-1)}{N}\tau_L} \end{bmatrix} \quad (1.30)$$

$$\boldsymbol{\alpha}_{(n)} = \left[\alpha_1^{(n)}, ..., \alpha_L^{(n)}\right]^T \quad (1.31)$$

1.2.3.2 Modèle discret

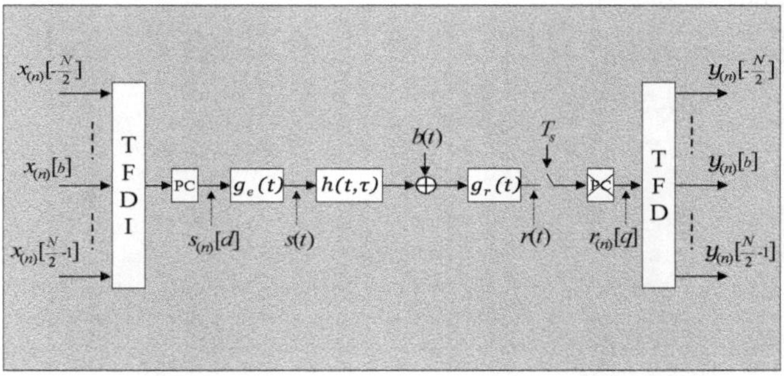

FIGURE 1.5 – Système OFDM en bande de base à temps discret

Mettre en œuvre un système OFDM continu tel que nous l'avons décrit précédemment nécessite l'utilisation de N filtres analogiques en parallèle parfaitement orthogonaux. De tels filtres sont pratiquement délicats à réaliser et leur implantation est très coûteuse. C'est pourquoi cette opération est aujourd'hui réaliser numériquement. Mais le système final reviendra tout de même quasiment au système analogique, comme nous allons le vérifier. Le modèle du système OFDM à temps discret est illustré dans la figure 1.5. Dans ce modèle, les bancs de filtres de l'émetteur et du récepteur sont remplacés par une transformée de Fourier discrète inverse (TFDI) et une transformée de Fourier discrète (TFD), respectivement. Le signal numérique ainsi créé subit une conversion numérique-analogique et une mise en forme par le filtre d'émission $g_e(t)$ avant d'être transmis dans le canal $h(t, \tau)$. Il est représenté par :

$$s(t) = \sum_{n=-\infty}^{\infty} \sum_{d=-N_g}^{N-1} s_{(n)}[d] g_e(t - dT_s - nT) \quad (1.32)$$

où $s_{(n)}[d]$ sont les $v = N + N_g$ échantillons du n-ème symbole OFDM générés par le modulateur TFDI et complétés par un préfixe cyclique, définis par :

$$s_{(n)}[d] = \sum_{b=-\frac{N}{2}}^{\frac{N}{2}-1} x_{(n)}[b] e^{j2\pi\frac{bd}{N}} \quad (1.33)$$

avec $d \in [-N_g,\ N-1]$. Le signal reçu du n-ème symbole OFDM à la sortie du filtre passe-bas de réception $g_r(t)$ est donné par :

$$r(t) = \sum_{n=-\infty}^{+\infty} \sum_{d=-N_g}^{N-1} s_n[d] g(t, t - dT_s - nT) + b(t) \tag{1.34}$$

où $g(t, \tau)$ est le canal analogique équivalent en bande de base (incluant filtre d'émission et filtre de réception) défini par :

$$g(t, \tau) = (g_e \otimes h \otimes g_r)(\tau) \tag{1.35}$$

Après échantillonnage au pas T_s et suppression du préfixe cyclique, les N échantillons reçus sont donnés par :

$$\begin{aligned} r_n[q] &= r(t)\big|_{t=qT_s+nT} \\ &= \sum_{n'=-\infty}^{+\infty} \sum_{d=-N_g}^{N-1} s_{n'}[d] g\Big(qT_s + n'T, (q-d)T_s + (n-n')T\Big) + b_n(qTs) \end{aligned} \tag{1.36}$$

où $q \in [0,\ N-1]$, $b_n[q] = b_n(qTs) = b(qTs + nT)$ et $g_n[q, u] = g\Big(qT_s + nT, uT_s\Big)$ est le canal discret équivalent. Dans un système de communication réaliste, la plupart de la puissance du canal est concentrée dans un intervalle limité. En outre, en prenant en compte la causalité de la transmission, on peut encore simplifier le canal discret équivalent à un filtre RIF défini par :

$$g_n[q, u] \ = \ 0 \quad \text{si} \ \ u < 0 \ \ \text{ou} \ \ u > L_t \tag{1.37}$$

avec $L_t \geq \left\lfloor \frac{\tau_{max}}{T_s} \right\rfloor + 1$ (égalité possible si délais multiple de T_s) le nombre de coefficients pour le canal discret équivalent, où $\lfloor \cdot \rfloor$ est la partie entière d'un nombre réel. Notons que si les filtres d'émission et de réception sont des sinus cardinaux alors les coefficients $g_n[q, d]$ sont généralement corrélés, à moins que les retards $\{\tau_l\}$ soient des multiples de T_s. En plus, puisque $q \in [0,\ N-1]$, $d \in [-N_g,\ N-1]$ et $N_g \geq L_t$ alors $g\Big(qT_s + n'T, (q-d)T_s + (n-n')T\Big) = 0$ si $n' \neq n$. Ceci vérifie qu'un préfixe cyclique $N_g T_s \geq L_t T_s$ supprime l'IES. On peut donc écrire (1.36) comme :

$$\begin{aligned} r_n[q] &= \sum_{d=-N_g}^{N-1} s_n[d] g_n[q, q-d] + b_n[q] \\ &= \sum_{d=0}^{L_t} g_n[q, d] s_n[q-d] + b_n[q] \ = \ (s_n \otimes g_n)[q] + b_n[q] \end{aligned} \tag{1.38}$$

Du point de vue du récepteur, l'utilisation d'un préfixe cyclique plus long que la réponse impulsionnelle du canal transforme la convolution linéaire $\otimes$ en une convolution cyclique positive $\odot$. On peut donc écrire l'équation (1.38) comme :

$$r_n[q] \ = \ (s_n \odot g_n)[q] + b_n[q] \ = \ \sum_{d=0}^{N-1} s_n[d] g_n[q, (q-d)_N] + b_n[q] \tag{1.39}$$

En utilisant (1.38), les N échantillons du n-ème symbole OFDM générés par le démodulateur TFD sont donnés par :

$$\begin{aligned} y_n[b] &= \frac{1}{N}\sum_{q=0}^{N-1} r_n[q]e^{-j2\pi\frac{bq}{N}} \\ &= \frac{1}{N}\sum_{b'=-\frac{N}{2}}^{\frac{N}{2}-1} x_n[b']\left(\sum_{q=0}^{N-1} e^{j2\pi\frac{(b'-b)}{N}q}\sum_{d=0}^{L_t} g_n[q,d]e^{-j2\pi\frac{b'd}{N}}\right) + w_n[b] \end{aligned} \quad (1.40)$$

avec $w_n[b] = \frac{1}{N}\sum_{q=0}^{N-1} b_n(qT_s)e^{-j2\pi\frac{bq}{N}}$ et $b \in \left[-\frac{N}{2}, \frac{N}{2}-1\right]$. En utilisant le résultat démontré dans l'annexe A, on a pour $\tau \in [0,\ N_gT_s]$:

$$\sum_{d=0}^{L_t} g(t,dT_s)e^{-j2\pi\frac{bd}{N}} \approx \sum_{d=-\infty}^{+\infty} g(t,dT_s)e^{-j2\pi\frac{bd}{N}} = G_e\Big(b\frac{W}{N}\Big)G_r\Big(b\frac{W}{N}\Big)H\Big(t,b\frac{W}{N}\Big) \quad (1.41)$$

où $G_e[b] = G_e(b\frac{W}{N})$ et $G_e[b] = G_e(b\frac{W}{N})$ sont respectivement les réponses fréquentielles des filtres $g_e(t)$ et $g_r(t)$ échantillonnées à la fréquence $f = b\frac{W}{N}$, l'équation (1.40) devient ainsi :

$$y_n[b] = \sum_{b'=-\frac{N}{2}}^{\frac{N}{2}-1} G_e[b']G_r[b']H_n[b,b']x_n[b'] + w_n[b] \quad (1.42)$$

avec

$$H_n[b,b'] = \frac{1}{N}\sum_{q=0}^{N-1} H\Big(qT_s + nT, b\frac{W}{N}\Big)e^{j2\pi\frac{(b'-b)}{N}q} \quad (1.43)$$

Si on suppose que la transmission des N sous-porteuses est dans la région plate des réponses fréquentielles des filtres d'émission et de réception, l'équation (1.42) revient donc à l'équation (1.19). On peut donc conclure que les deux modèles analogique et discret sont équivalents.

1.2.4 Interférence entre porteuses due à l'effet Doppler

Dans cette partie, nous allons étudier l'IEP causée par l'effet Doppler due à la mobilité du récepteur. Pour cela, nous allons d'abord étudier la distribution de puissance sur l'ensemble des sous-porteuses à la réception, en réponse à l'émission d'un symbole sur une sous-porteuse particulière. Idéalement, toute la puissance en réception devrait être distribuée seulement sur la sous-porteuse *désirée* (qui a été excitée à l'émission), mais ce n'est plus le cas lorsqu'il y a de l'IEP.

On considère le canal radio-mobile à trajet multiples, de type Rayleigh avec un spectre de Jakes, défini par (1.5). Le canal est supposé normalisé (*i.e.*, $\sum_{l=1}^{L}\sigma_{\alpha_l}^2 = 1$). Afin d'avoir des indices matriciels $k, m \in [1, N]$, on effectue ce changement d'indices $b = k - 1 - \frac{N}{2}$ et $b' = m - 1 - \frac{N}{2}$ dans l'équation (1.26). Ainsi, le système OFDM est décrit par :

$$\begin{aligned} \mathbf{y}_{(n)} &= \mathbf{H}_{(n)}\,\mathbf{x}_{(n)} + \mathbf{w}_{(n)} \\ \left[\mathbf{H}_{(n)}\right]_{k,m} &= \frac{1}{N}\sum_{l=1}^{L}\left[e^{-j2\pi(\frac{m-1}{N}-\frac{1}{2})\tau_l}\sum_{q=0}^{N-1}\alpha_l^{(n)}(qT_s)e^{j2\pi\frac{m-k}{N}q}\right] \end{aligned} \quad (1.44)$$

avec $k, m \in [1,\ N]$, $\mathbf{x}_{(n)}$ sont des symboles centrés, indépendants et normalisés et $\mathbf{w}_{(n)}$ est un vecteur de bruit blanc complexe Gaussien centré de matrice de covariance $\sigma^2\mathbf{I}_N$ (où $\sigma^2 = \frac{2N_0}{T_u}$).

La puissance distribuée sur la k-ème sous-porteuse reçue due à l'émission du symbole $[\mathbf{x}_{(n)}]_m$ sur la m-ème sous-porteuse est donnée par :

$$\begin{aligned}
P_{k,m} &= \mathrm{E}\left[\left|\left[\mathbf{H}_{(n)}\right]_{k,m}[\mathbf{x}_{(n)}]_m\right|^2\right] = \mathrm{E}\left[\left|\left[\mathbf{H}_{(n)}\right]_{k,m}\right|^2\right]\mathrm{E}\left[\left|[\mathbf{x}_{(n)}]_m\right|^2\right] = \mathrm{E}\left[\left|\left[\mathbf{H}_{(n)}\right]_{k,m}\right|^2\right] \\
&= \frac{1}{N^2}\sum_{l=1}^{L}\sum_{q_1=0}^{N-1}\sum_{q_2=0}^{N-1}\mathrm{E}\left[\alpha_l^{(n)}((q_1T_s)\alpha_l^{(n)*}(q_2T_s)e^{j2\pi\frac{m-k}{N}(q_1-q_2)}\right] \\
&= \frac{1}{N^2}\sum_{l=1}^{L}\sigma_{\alpha_l}^2\sum_{q_1=0}^{N-1}\sum_{q_2=0}^{N-1}J_0\big(2\pi f_dT_s(q_1-q_2)\big)e^{j2\pi\frac{m-k}{N}(q_1-q_2)} \\
&= \frac{1}{N^2}\sum_{q_1=0}^{N-1}\sum_{q_2=0}^{N-1}J_0\big(2\pi f_dT_s(q_1-q_2)\big)e^{j2\pi\frac{m-k}{N}(q_1-q_2)} \\
&= \frac{1}{N^2}\sum_{q_1=0}^{N-1}\sum_{q_2=0}^{N-1}J_0\big(2\pi f_dT_s(q_1-q_2)\big)e^{j2\pi\frac{v}{N}(q_1-q_2)} = P_{[v]}
\end{aligned} \tag{1.45}$$

car les trajets sont non corrélés et le canal et les symboles sont indépendants et normalisés. On remarque que la puissance $P_{k,m} = P_{[v]}$ (avec $v = m-k$) est indépendante des retards de propagations des trajets $\{\tau_l\}$. On introduit un nouveau paramètre $f_dT = (N+N_g)f_dT_s$ appelé étalement Doppler normalisé ("Doppler spread") pour représenter l'ampleur de l'effet Doppler. Ce paramètre caractérise la vitesse de variation temporelle des gains complexes dans un symbole OFDM. En utilisant (1.45), la puissance distribuée sur les sous-porteuses reçues de $m-\Psi$ à $m+\Psi$ due à l'émission du m-ème symbole $[\mathbf{x}_{(n)}]_m$ peut être exprimée par :

$$P_\Psi = \sum_{k=m-\Psi}^{m+\Psi} P_{k,m} = \sum_{v=-\Psi}^{\Psi} P_{[v]} \tag{1.46}$$

Intéressons nous maintenant à la puissance *totale* de l'IEP sur la k-ème sous-porteuse, qui est due à l'ensemble des autres sous-porteuses à l'émission. Elle est donnée par :

$$\begin{aligned}
P_{[k]}^{IEP} &= \mathrm{E}\left[\left|\sum_{\substack{m=1\\m\neq k}}^{N}\left[\mathbf{H}_{(n)}\right]_{k,m}[\mathbf{x}_{(n)}]_m\right|^2\right] = \sum_{\substack{m=1\\m\neq k}}^{N}\mathrm{E}\left[\left|\left[\mathbf{H}_{(n)}\right]_{k,m}[\mathbf{x}_{(n)}]_m\right|^2\right] \\
&= \sum_{\substack{m=1\\m\neq k}}^{N}P_{k,m} = \sum_{m=1}^{N}P_{k,m} - P_{k,k} \\
&= \frac{1}{N^2}\sum_{q_1=0}^{N-1}\sum_{q_2=0}^{N-1}J_0\big(2\pi f_dT_s(q_1-q_2)\big)\left(e^{-j2\pi\frac{k}{N}(q_1-q_2)}\sum_{m=1}^{N}e^{j2\pi\frac{m}{N}(q_1-q_2)} - 1\right) \\
&= \frac{1}{N^2}\sum_{q_1=0}^{N-1}\sum_{q_2=0}^{N-1}J_0\big(2\pi f_dT_s(q_1-q_2)\big)\left(Ne^{-j2\pi\frac{k}{N}(q_1-q_2)}\delta_{q_1,q_2} - 1\right) \\
&= 1 - \frac{1}{N^2}\sum_{q_1=0}^{N-1}\sum_{q_2=0}^{N-1}J_0\big(2\pi f_dT_s(q_1-q_2)\big)
\end{aligned} \tag{1.47}$$

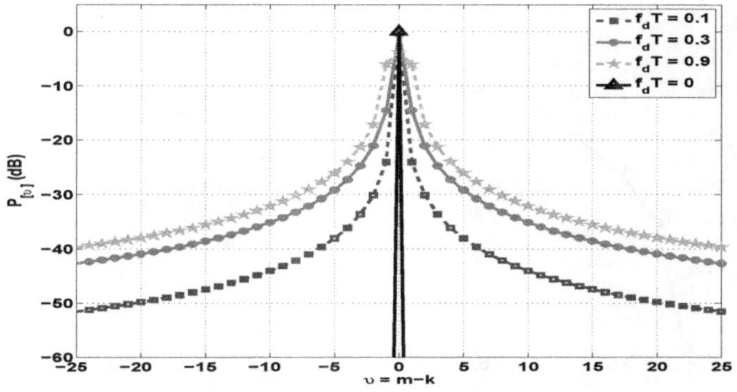

(a)

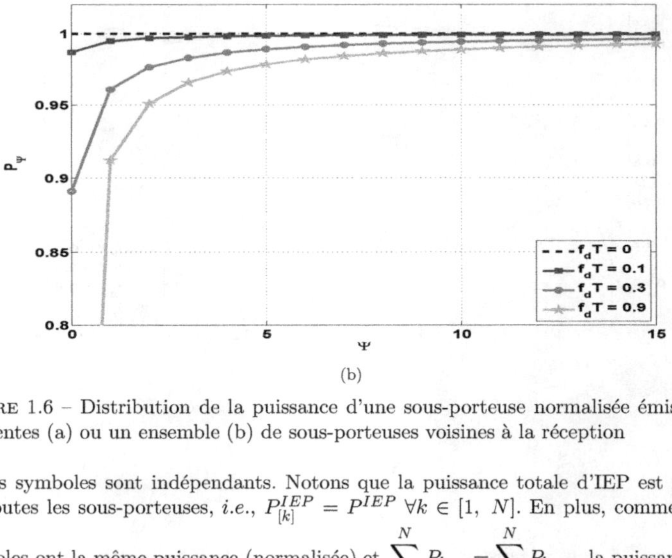

(b)

FIGURE 1.6 – Distribution de la puissance d'une sous-porteuse normalisée émise sur les différentes (a) ou un ensemble (b) de sous-porteuses voisines à la réception

car les symboles sont indépendants. Notons que la puissance totale d'IEP est identique sur toutes les sous-porteuses, *i.e.*, $P_{[k]}^{IEP} = P^{IEP}\ \forall k \in [1,\ N]$. En plus, comme tous les symboles ont la même puissance (normalisée) et $\sum_{m=1}^{N} P_{k,m} = \sum_{k=1}^{N} P_{k,m}$, la puissance totale d'IEP sur la k-ème sous-porteuse est alors égale à la puissance distribuée sur toutes les autres sous-porteuses à la réception provenant de l'émission sur la k-ème sous-porteuse, *i.e.*, $P_{[k]}^{IEP} = \sum_{\substack{m=1 \\ m\neq k}}^{N} P_{m,k}$.

Pour finir, nous nous intéressons à la puissance *partielle* d'IEP sur la k-ème sous-porteuse provenant seulement des sous-porteuses $k-1$ à $k-\Psi$ et $k+1$ à $k+\Psi$ à l'émission. Elle est donnée par :

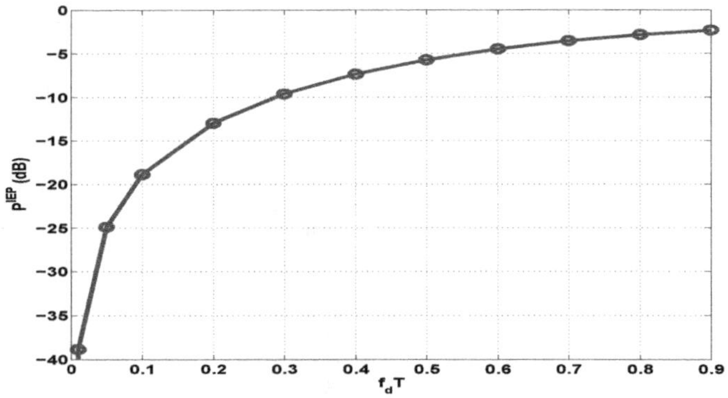

(a)

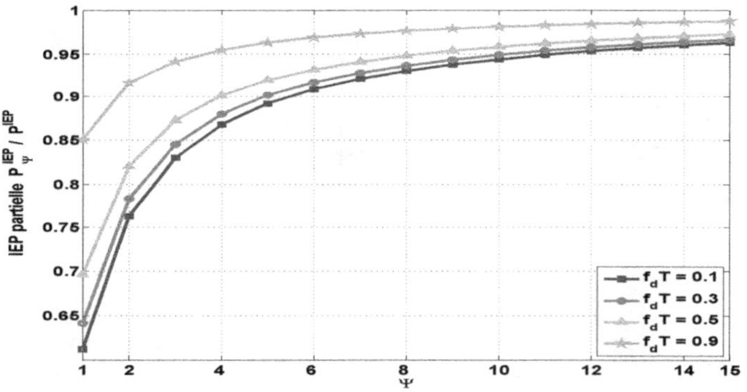

(b)

FIGURE 1.7 – Puissance totale et partielle de l'IEP

$$P_{\Psi}^{IEP} \quad = \sum_{\substack{m=k-\Psi \\ m \neq k}}^{k-\Psi} P_{k,m} \quad = \quad 2\sum_{v=1}^{\Psi} P_{[v]} \tag{1.48}$$

La figure 1.6 montre la distribution de la puissance sur les sous-porteuses à la réception due à l'émission sur la m-ème sous-porteuse du symbole $[\mathbf{x}_{(n)}]_m$ (normalisé), $P_{[v]}$ en (a) et P_Ψ en (b), pour différentes valeurs de f_dT avec $N = 128$ et $N_g = 16$. On vérifie bien d'après (a) que, pour un récepteur fixe ($f_dT = 0$), toute la puissance du symbole de la m-ème sous-porteuse à l'émission ne se trouve que sur la m-ème sous-porteuse (la sous-porteuse *désirée*) à la réception. En revanche, lorsque la vitesse du récepteur commence à augmenter, la variation temporelle des gains complexes dans un symbole OFDM sera plus importante (*i.e.*, f_dT croît) et par conséquence la puissance du symbole de la m-ème sous-porteuse à l'émission sera moins concentrée sur la sous-porteuse désirée pour davantage se répandre sur les sous-porteuses voisines. En plus d'après (b) pour $f_dT = 0.1$, environ 99% de la puissance d'une porteuse émise se répand sur 3 sous-porteuses à la réception (la sous-porteuse désirée et les 2 adjacentes, *i.e.*$\Psi = 1$). Et pour un Doppler plus élevé de $f_dT = 0.9$, environ 97% de la puissance d'une porteuse émise se répartit sur 9 sous-porteuses à la réception (*i.e.* $\Psi = 4$).

La figure 1.7 donne l'évolution de la puissance totale de l'IEP, P^{IEP}, en fonction de f_dT en (a) et la puissance partielle de l'IEP, P_{Ψ}^{IEP}, normalisée par P^{IEP} en (b), pour différentes valeurs de f_dT avec $N = 128$ et $N_g = 16$. On remarque d'après (a) que P^{IEP} augmente avec f_dT. Ceci est naturel puisqu'on a vu en figure 1.6 (a) que la puissance reçue sur la sous-porteuse désirée diminuait avec f_dT. D'après (b), on observe que plus de 90% de la puissance totale de l'IEP provient des 12 sous-porteuses voisines (*i.e.* $\Psi = 4$). De plus, lorsque l'étalement Doppler f_dT est élevé, les sous-porteuses proches de la sous-porteuse désirée contribuent à un pourcentage élevé de la puissance totale de l'IEP.

On peut donc conclure que, pour des gains complexes à variations temporelles dans un symbole OFDM, la plupart de la puissance d'une sous-porteuse émise est distribuée sur la sous-porteuse désirée et sur quelques sous-porteuses voisines seulement. De même, la plupart de l'IEP reçue sur chaque sous-porteuse provient seulement de quelques sous-porteuses voisines à l'émission.

Rapport Signal à Bruit (RSB) : Dans ce mémoire, les courbes de performance seront généralement exprimées en fonction du Rapport Signal à Bruit (RSB) obtenu après la démodulation OFDM, c'est à dire en sortie de la TFD. Il est cependant utile de pouvoir relier ce RSB au paramètre conventionnel d'entrée du récepteur, qui est le rapport $\frac{E_b}{N_0}$.

Le Rapport Signal à Bruit (RSB) pour le m-ème symbole $[\mathbf{x}_{(n)}]_m$ est donné (pour des symboles normalisés, décorrélés et un canal normalisé) par :

$$RSB_m = \frac{\sum_{k=1}^{N} \mathrm{E}\left[\left|\left[\mathbf{H}_{(n)}\right]_{k,m}[\mathbf{x}_{(n)}]_m\right|^2\right]}{\mathrm{E}\left[\left|[\mathbf{w}_{(n)}]_m\right|^2\right]} = \frac{\sum_{k=1}^{N} P_{k,m}}{\sigma^2} = \frac{1}{\sigma^2} \tag{1.49}$$

Le RSB complet pour le symbole OFDM $\mathbf{x}_{(n)}$ (normalisé) est donc donné par :

$$RSB = \frac{\sum_{m=1}^{N}\sum_{k=1}^{N} P_{k,m}}{\sum_{m=1}^{N} \mathrm{E}\left[\left|[\mathbf{w}_{(n)}]_m\right|^2\right]} = \frac{1}{\sigma^2} = RSB_m \tag{1.50}$$

L'énergie moyenne par bit à l'entrée (Haute Fréquence) du récepteur est définie par :

$$E_b = \frac{1}{2}\mathrm{E}\left[|r(t)|^2\right] \times T_b \tag{1.51}$$

avec $T_b = \frac{T_u}{N.N_b}$ est le temps bit et N_b est le nombre de bits par symbole $[\mathbf{x}_{(n)}]_m$. Avec nos conventions de canal normalisé, on a ainsi :

$$E_b = \frac{1}{2}\mathrm{E}\left[[\mathbf{x}_{(n)}]_m[\mathbf{x}_{(n)}]_m^*\right].N.T_b = N.\frac{T_b}{2} \tag{1.52}$$

On peut finalement en déduire la relation[2] entre le RSB et le rapport $\frac{E_b}{N_0}$:

$$RSB = \frac{2E_b/(N.T_b)}{2N_0/T_u} = N_b\frac{E_b}{N_0} \tag{1.53}$$

$$(RSB)dB = \left(\frac{E_b}{N_0}\right)dB + 10log_{10}(Nb) \tag{1.54}$$

On aura donc par exemple pour des symboles QPSK, la relation $\left(\frac{E_b}{N_0}\right)dB = (RSB)dB - 3dB$.

1.3 Estimation de canal pour les systèmes OFDM

1.3.1 Introduction

Le canal de propagation vu par le récepteur peut non seulement varier de manière significative d'un symbole OFDM à l'autre, mais également à l'intérieur d'un même symbole OFDM. Cette variation est principalement due aux changements des conditions de propagation entre l'émetteur et le récepteur. D'un point de vue physique, le caractère variable du canal peut être caractérisé, comme nous l'avons déjà vu, par le produit f_dT appelé étalement Doppler. Plus ce produit est grand, plus le canal varie rapidement dans le domaine temporel. Alors, une estimation dynamique de canal est nécessaire pour mener à bien la démodulation complète des signaux OFDM puisque le canal radio est sélectif en fréquence et variant avec le temps pour les systèmes de communication large bande. L'estimation de canal peut être exécutée à l'aide de l'insertion de symboles pilotes sur toutes les sous-porteuses d'un symbole OFDM avec une période spécifique, connue sous le nom de « estimation du canal par pilotes de type bloc ». Elle peut aussi être réalisée en insérant des symboles pilotes dans chaque symbole OFDM, connue sous le nom « estimation du canal par pilotes de type peigne ». L'estimation du canal par pilotes de type bloc a été développée sous l'hypothèse d'un canal à évanouissement lent, *i.e.*, canal invariant sur plusieurs symboles OFDM. Par contre, l'estimation du canal par pilotes de type peigne a été présentée pour satisfaire le besoin de l'égalisation quand le canal change d'un symbole OFDM à un autre ou dans un même symbole OFDM. De plus, d'un symbole à l'autre le canal est corrélé. Bien que d'utilisation largement répandue par sa simplicité, le critère des moindres carrés (LS : "Least Square") ne permet pas de profiter de la corrélation du canal entre deux symboles adjacents. En effet, sa mise en oeuvre dans un tel problème reviendrait à réaliser une estimation du canal symbole par symbole. En revanche, le critère du minimum de variance de l'erreur d'estimation ou de l'erreur quadratique moyenne (MMSE : "Minimum Mean Square Error") permet de prendre en compte cette corrélation, et de l'information à priori sur le canal. Dans la suite, nous utiliserons ces deux critères avec des pilotes de type peigne dans nos algorithmes d'estimation de canal.

1.3.2 État de l'Art

Dans cette section, nous allons décrire les méthodes d'estimation de canal existantes dans des contextes OFDM. Ces méthodes peuvent être simplifiées par l'utilisation de modulations différentielles [Jaff 00]. Une modulation numérique peut être qualifiée de différentielle ou de cohérente. L'utilisation d'une modulation différentielle permet de se passer

2. Notons que cette relation ne prend pas en compte la perte d'énergie utile dans le préfixe cyclique, égale à $10log(\frac{N+N_g}{N})$

d'estimer le canal puisque l'information est codée dans la différence de phase entre deux symboles consécutifs. Cette technique est couramment utilisée dans les systèmes sans fil puisqu'elle réduit considérablement la complexité du récepteur ne comportant pas d'estimateur de canal. La modulation différentielle par déplacement de phase (DPSK : "Differential Phase Shift Keying") est utilisée dans la norme européenne "Digital Audio Broadcast" (DAB) [Euro 95]. Cette simplicité n'est évidemment pas dépourvue d'inconvénients, en effet la différence entre une modulation différentielle et une modulation cohérente en terme de performances est de l'ordre de 3 dB en canal Gaussien [Proa 00] et les modulations différentielles classiques ne permettent pas l'utilisation de constellations multi-amplitude. Bien qu'en général, ces méthodes n'en comportent pas, elles peuvent tirer parti de l'aide apportée par un estimateur de canal [Fren 96].

Il existe une alternative intéressante aux modulations cohérentes et différentielles classiques : les modulations différentielles par déplacement d'amplitude et de phase ("Differential Amplitude and Phase Shift Keying" : DAPSK) [Enge 95a], [Enge 95b], [Rein 94], [Rohl 95]. Elles présentent une efficacité spectrale bien supérieure aux modulations de phase classiques (MDP) puisque l'amplitude des symboles subit également un codage différentiel.

Les modulations cohérentes permettent l'utilisation de constellations arbitraires et sont un choix évident pour les systèmes filaires où le canal ne varie que très peu avec le temps. Dans les systèmes sans-fil, l'efficacité spectrale des modulations cohérentes en font un choix intéressant lorsque le débit est très élevé, comme dans la norme "digital video broadcast" (DVB) [Euro 96], [Coua 94].

La conception d'un estimateur de canal repose fondamentalement sur deux problèmes qui sont la quantité de symboles pilotes devant être transmise et la complexité de l'estimateur devant poursuivre correctement le canal. Ces deux problèmes sont bien évidemment liés puisque les performances de l'estimateur dépendent de la quantité de donnée pilote émise. Cependant, quelques méthodes n'utilisent aucune information pilote. Ces méthodes dites « aveugles » peuvent se baser sur l'utilisation de la cyclostationarité introduite par le préfixe cyclique [Cour 96], [Heat 97], [Cai 00], ou sur la méthode sous-espace [Muqu 99] initiée dans [Moul 95]. Une autre méthode proposée dans [Chot 99] réalise l'estimation aveugle de canal au sens du critère du Maximum de Vraisemblance sans aucune information sur les caractéristiques statistiques du canal.

La littérature contient aujourd'hui un grand nombre d'articles portant sur les techniques semi-aveugle, utilisant des symboles pilotes multiplexés au signal transmis. Les symboles pilotes permettent d'obtenir par interpolation une estimation du canal sur l'ensemble des symboles transmis. Cette technique est appelée Modulation Assistée par des Symboles Pilotes (PSAM : "Pilot-Symbol Assisted Modulation") et a été introduite pour des systèmes mono-porteuse par Moher et Lodge [Mohe 89] puis analysée par Cavers [Cave 91]. Puisque, en OFDM, chaque sous-porteuse est soumise à un évanouissement non sélectif, la méthode PSAM peut être généralisée aux deux dimensions (temps-fréquence), où les pilotes sont placés à certaines positions du treillis OFDM temps-fréquence. L'estimation du canal se fait généralement sur la réponse fréquentielle si le canal est invariant (ou quasi-invariant) dans un symbole OFDM ou sur le canal discret équivalent si le canal varie dans un symbole OFDM.

Dans le premier cas, des méthodes classiques (que nous appellerons « conventionnelles ») estiment la réponse fréquentielle du canal aux fréquences des différentes sous-porteuses pilotes, en utilisant les critères LS ou LMMSE ("Linear" MMSE), et font une interpolation fréquentielle pour obtenir la réponse du canal [Hsie 98], [Cole 02], [Zhao 97]. Le critère LMMSE a montré que une meilleur performance que le critère LS [Hsie 98]. Dans

[Edfo 98], la complexité obtenue avec le critère LMMSE est réduite en utilisant un estimateur de rang réduit optimal avec la décomposition en valeur singulière. L'interpolation du canal par pilotes de type peigne peut être basée sur l'interpolation linéaire, l'interpolation du second ordre, l'interpolation passe-bas, l'interpolation du spline cubique et l'interpolation dans le domaine temporel. L'interpolation du second ordre a montré une meilleure performance que l'interpolation linéaire. L'interpolation dans le domaine temporel a donné le plus faible taux d'erreur binaire (TEB) par comparaison à l'interpolation linéaire. Dans [Cole 02], l'interpolation passe-bas a montré la meilleure performance de toutes les techniques d'interpolation.

Dans l'estimation du canal à deux dimensions (2D) [Hohe 97b], [Hohe 97a], les pilotes sont insérés dans les deux domaines temps et fréquence, avec un espacement qui respecte le rythme d'échantillonnage de Nyquist (théorème d'échantillonnage), et l'estimateur est basé sur les filtres à 2D. En général, les performances avec l'estimateur du canal à 2D sont meilleures qu'avec 1D, au dépend seulement de la complexité élevée. La solution optimale en terme d'erreur quadratique moyenne est basé sur le filtre de Wiener à 2D qui utilise les statistiques du canal au second ordre. Une technique utilisée pour réduire la complexité du filtre de Wiener à 2D, consiste à faire une séparation du filtre de Wiener à 2D dans le domaine temps-fréquence en deux filtre de Wiener à 1D l'un en fréquence et l'autre en temps [Dudg 84]. Cette technique amène à un compromis entre la performance et la complexité. Le filtrage à 1D peut par exemple être effectué dans la direction des fréquences séparément pour tous les symboles OFDM accueillant les sous-porteuses pilotes, suivi d'un filtrage à 1D dans la direction du temps, séparément pour toutes les sous-porteuses.

De meilleures performances sont obtenues dans [Yang 01] avec une approche différente s'appuyant sur l'estimation des paramètres du canal physique, consistant à estimer directement les retards puis les gains complexes des trajets. Dans cette méthode qui a retenu notre attention, on utilise le critère MDL ("Minimum Description Length") [Wax 85], [Xu 94] pour détecter le nombre de trajets dans le canal. Ensuite, on utilise la technique ESPRIT ("Estimation of Signal Parameters by Rotational Invariance Techniques") [Roy 89] pour estimer les retards initiaux des trajets. Comme les retards varient lentement avec le temps, alors on utilise un IPIC ("Interpath Interference canncellation") avec une DLL ("Delay Locked Loop") pour poursuivre les retards des trajets du canal. Enfin, un estimateur MMSE basé sur la connaissance des retards est utilisé pour estimer la réponse fréquentielle du canal. Cet estimateur basé sur les paramètres du canal a la meilleure performance de tous les estimateurs par pilotes de type peigne tant que le canal est invariant dans un symbole OFDM, mais sa complexité est très grande.

Récemment, le développement sur une base de fonctions (BEM : "Basis Expansion Model") a été introduit pour approximer les variations du canal dans les systèmes OFDM. Toujours pour un canal invariant dans un symbole OFDM, [Yang 01] propose un algorithme d'estimation qui utilise un développement sur une base polynomiale dans le domaine temps-fréquence pour la réponse fréquentielle du canal. Cet algorithme exploite la corrélation de la réponse de canal dans les deux domaines temps et fréquences pour davantage réduire le niveau de bruit par rapport aux méthodes utilisant seulement le modèle polynomial dans le domaine temps ou fréquence. Cet estimateur est plus robuste que les méthodes existantes basées sur la transformée de Fourier [Li 98], mais il demande une information à priori sur les délais et le type d'évanouissement du canal. Également, [Seno 05] utilise le développement orthogonal de Karhunen-Loeve (KL) pour modéliser et estimer les coefficients corrélés du canal discret équivalent.

Dans le cas d'un canal variant en temps dans un symbole OFDM, de nombreux travaux recourent à l'estimation des coefficients du canal discret équivalent, qui sont modélisés par une BEM [Tang 07], [Toma 05]. Les méthodes de BEM [Tang 07] utilisées sont basés sur les fonctions de Karhunen-Loeve (KL-BEM), les fonctions sphéroïdales allongées (PS-BEM : "prolate spheroidal" BEM), les fonctions exponentielles complexes (CE-BEM : "complex-exponential" BEM) et les fonctions polynomiales (P-BEM). Le KL-BEM est optimal en terme d'erreur quadratique moyenne, mais n'est pas robuste aux erreurs de connaissance des paramètres statistiques du canal. Le PS-BEM permet quand à lui une approximation générale de toutes les caractéristiques statistiques du canal, bien que la bande limitée des fonctions orthogonales sphéroïdales induisent un support temporel important dans l'intervalle considéré. Le CE-BEM est indépendant des statistiques du canal, mais induit une erreur de modélisation grande. Enfin, une grande attention a été attribuée au P-BEM, bien que ses performances soient plutôt sensibles à l'étalement Doppler. Néanmoins, il fournit un meilleur ajustement pour les faibles étalements Doppler que pour les forts étalements Doppler. Dans [Most 05], une méthode linéaire est utilisée pour approximer les variations des coefficients du canal discret. Les pentes de l'évolution des coefficients sont estimées à partir du préfixe cyclique, ou à partir des deux symboles OFDM adjacents. Une dernière méthode proposée dans [Bane 07], basée sur la modélisation des coefficients sur une BEM, consiste à estimer et poursuivre les coefficients de la BEM à l'aide d'un filtre de Kalman.

Cependant, si l'étalement des retards du canal augmente, le nombre de coefficients du canal discret équivalent augmente également (voir section 1.2), ce qui conduit à une modélisation avec un grand nombre de coefficients de BEM. Dans un tel cas, plus de symboles pilotes sont nécessaires afin d'estimer les coefficients de BEM.

1.4 Contribution et organisation du document

1.4.1 Objectifs de la thèse, démarche, et principales contributions

Ce travail a été effectué au Laboratoire Grenoble, Image, Parole, Signale, Automatique (GIPSA), dans le département Image et Signal (DIS), financé par une Bourse Ministérielle. Il s'inscrit dans le contexte des communications sans fil pour des récepteurs à grande mobilité basées sur l'OFDM. Il ne se limite pas au strict cadre de la norme IEEE802.16e, même si nous montrerons des applications numériques avec les ordres de grandeur de cette norme. L'objectif est de proposer des **algorithmes d'estimation de canal et de suppression d'IEP pour les récepteurs OFDM à grande mobilité en liaison descendante**, qui peuvent être utilisés dans la norme ou dans des contextes plus généraux.

Nous avons vu que la plupart des algorithmes d'estimation de canal estiment soit la Fonction de Transfert du canal en fréquence [Hsie 98], [Cole 02], [Zhao 97] (algorithmes conventionnels pour les lentes variations), soit le canal discret équivalent dans le domaine temporel [Tang 07] (pour les rapides variations), c'est à dire la Réponse Impulsionnelle du filtre numérique résultant du canal physique, des filtres analogiques de mise en forme émission/réception et de l'échantillonnage au temps échantillon T_s à la réception. Notre démarche est assez différente car nous avons cherché à estimer directement les paramètres du canal physique, au lieu du canal discret équivalent. Cela signifie l'estimation des paramètres physiques de propagation tels que les retards et les variations temporelles des gains complexes du canal à trajet multiples. Nous sommes ainsi partis de l'algorithme mené par [Yang 01] valable pour un canal qui ne présente pas de variation à l'intérieur du symbole OFDM. Suite à l'étude présentée dans le chapitre 1, pour des véhicules à vitesse élevées, les retards des trajets sont considérés fixes sur plusieurs symboles OFDM, mais pas les gains complexes. Pour l'estimation du canal par slot de communication, il faudra donc réaliser une première estimation des retards au début de la communication, mais il ne sera pas nécessaire de prévoir une mise à jour de cette estimation[3]. Par contre, un suivi des variations temporelles des gains complexes dans un symbole OFDM devra être mis en place.

Afin d'étudier la qualité des estimateurs des variations temporelles des gains complexes, on a développé une approximation à base de polynôme pour modéliser l'évolution des gains complexes d'un canal de Rayleigh (présenté dans le chapitre 2). Ensuite, en se basant sur la modélisation polynomiale, on a effectué un calcul des Bornes de Cramér-Rao (BCR) pour les estimateurs des gains complexes dans les systèmes OFDM (présenté dans le chapitre 2), d'abord pour le cas d'un canal ne présentant pas de variation à l'intérieur d'un symbole OFDM [Hija 08b] [Hija 09b] puis pour un canal à fortes variations [Hija 09a].

Dans le cas d'un canal à lente variation nous avons étendu l'algorithme de [Yang 01] en proposant 2 nouveaux algorithmes et surtout l'étude analytique de leurs performances (présentés dans le chapitre 3). Ces deux algorithmes délivrent une estimation des variations temporelles des gains complexes à partir des valeurs moyennes estimées, et utilisent une soustraction d'interférence ainsi qu'une procédure itérative. Le premier algorithme [Hija 07c] [Hija 07a] [Hija 07b] [Hija 09d] , qui est l'extension la plus naturelle de [Yang 01], est basée sur une interpolation linéaire des moyennes. Le deuxième algorithme [Hija 09c] [Hija 08c] est basé sur une approximation polynomiale, et permet de diminuer la complexité.

Lorsque le canal présente de plus fortes variations temporelles, il n'est plus très pertinent de réaliser une estimation à partir des moyennes. Nous avons alors révisiter la modélisation polynomiale des gains complexes (présentée dans le chapitre 2) et avons proposé un algorithme [Hija 08a] [Hija 10] basé sur le filtre de Kalman et la décomposition QR d'une matrice.

1.4.2 Plan du document

Le présent mémoire est organisé de la façon suivante :

Le **deuxième chapitre** porte sur l'approximation polynomiale des gains complexes d'un processus de Rayleigh avec un spectre de Jakes et sur le calcul des Bornes de Cramér-Rao (BCR) pour les estimateurs des gains complexes dans les systèmes OFDM, en faisant l'hypothèse de la connaissance des retards à la réception. Nous traitons les cas suivants : canal invariant dans un symbole OFDM et canal variant dans un symbole OFDM, avec et sans connaissance des symboles OFDM (DA : "data-aided" et NDA : "non-data-aided"). Nous présentons la famille des BCR pour ces estimateurs, la BCR Standard (BCRS), la BCRS Modifiée (BCRSM), la BCR Bayésienne (BCRB), la BCRB Modifiée (BCRBM) et la BCRB Asymptotique (BCRBA). Nous donnons les calculs permettant d'obtenir cette famille de BCR dans le cadre d'une estimation de type «hors-ligne» ("off-line") et «en-ligne» ("on-line").

Dans le **troisième chapitre**, nous nous intéressons à un canal variant en temps dans un symbole OFDM de type Rayleigh avec un spectre de Jakes. En exploitant la non-variation des retards sur plusieurs symboles OFDM, nous proposons deux algorithmes pour estimer les variations temporelles des gains complexes des trajets sur quelques symboles OFDM et supprimer les IEPs pour des récepteurs à vitesses modérées. Ces deux algorithmes sont basés sur les valeurs moyennes des gains complexes des trajets. Ils utilisent la méthode

3. Ou bien en tout cas le suivi des retards serait aisé à réaliser

suppression successive des interférences (SSI) pour estimer les symboles de données. Le premier algorithme interpole les valeurs moyennes estimés dans le domaine temporel par une interpolation passe-bas (IPB) classique. Par contre, le deuxième algorithme fait une approximation polynomiale des gains complexes sur un bloc de quelques symboles OFDM et calcule les coefficients des polynômes à partir seulement des valeurs moyennes estimées. Enfin, une analyse complète des performances de ces deux algorithmes est réalisée et une étude de la sensibilité du deuxième algorithme aux erreurs d'estimation des retards est faite en utilisant la technique ESPRIT.

Le **quatrième chapitre** propose un troisième algorithme, mieux adapté aux récepteurs OFDM à très grande vitesse. Cet algorithme est basé sur la modélisation polynomiale (présentée dans le deuxième chapitre) des variations temporelles des gains complexes à l'intérieur d'un seul symbole OFDM. Il modélise l'évolution dynamique des coefficients polynomiaux par un processus autorégressif (AR) afin d'utiliser le filtre de Kalman pour poursuivre et estimer ses coefficients. Ensuite, une étude complète des performances de cet algorithme est réalisée et une comparaison avec les deux premiers algorithmes est faite. Enfin, nous étudions la sensibilité de cet algorithme aux erreurs d'estimation des retards et aux erreurs sur la connaissance des paramètres statistiques du canal.

1.5 Conclusion

Dans ce premier chapitre, nous avons d'abord présenté le canal radio-mobile à trajet multiples. Nous avons précisé les caractéristiques et les différents types de canaux. Dans la suite de ce mémoire, on s'intéresse particulièrement à un canal très sélectif en fréquence et en temps de type Rayleigh avec un spectre de Jakes. On a également présenté les modèles classique du système OFDM. L'OFDM présente plusieurs avantages importants, dont certains sont : efficacité spectrale élevée, exécution simple avec les paires TFDI et TFD, suppression de l'interférence entre symboles (IES) et robustesse aux environnements sélectifs en fréquence. Mais on a aussi mis en évidence la présence d'un inconvénient important : la sensibilité à l'effet Doppler. En effet, dans le cas d'un récepteur mobile rapide, l'orthogonalité entre les formes d'ondes est détruite, ce qui cause de l'interférence entre les sous-porteuses (IEP). Enfin, nous avons présenté l'état de l'Art des méthodes d'estimation de canal et, la contribution et l'organisation de ce document.

Chapitre 2

Modélisation et Bornes de Cramér-Rao Bayesienne

Sommaire

2.1 Introduction **44**
2.2 Modélisation de la variation temporelle des gains complexes . **45**
2.3 Bornes de Cramér-Rao Bayesienne (BCRBs) **49**
2.3.1 Définition des BCRB «hors-ligne» et «en-ligne» 49
2.3.2 BCRB pour l'estimation des coefficients $\mathbf{c}$ et des gains $\boldsymbol{\alpha}$ 52
2.3.2.1 Gains complexes «variants» durant un symbole OFDM 52
2.3.2.2 Gains complexes «invariants» durant un symbole OFDM 55
2.3.3 Simulation et discussion 57
2.3.3.1 Gains complexes «invariants» durant un symbole OFDM 57
2.3.3.2 Gains complexes «variants» durant un symbole OFDM 59
2.4 Conclusion **64**

2.1 Introduction

Dans le cas des systèmes de communication radio-mobile large bande à modulation OFDM, une estimation dynamique du canal [Tang 07] [Most 05] est une fonction fondamentale, puisque le canal radio est sélectif en fréquence et variant avec le temps [Baha 99]. L'estimation du canal peut se résumer à estimer certains paramètres physiques de propagation, tels que les retards et les gains complexes des trajets. Dans les transmissions radio-fréquences, nous avons vu au chapitre précédent que les retards sont quasi-invariants sur plusieurs symboles OFDM, mais les gains complexes peuvent changer de manière significative, même à l'intérieur d'un symbole OFDM. En exploitant la nature du canal et en supposant les retards connus à la réception, une catégorie d'algorithmes cherche à estimer directement les variations temporelles des gains complexes, aussi bien dans les systèmes OFDM [Yang 01] que dans d'autres systèmes comme en CDMA [Simo 07], [Simo 05]. C'est aussi la démarche que nous avons eu pour les trois algorithmes proposés dans le cadre de cette thèse [Hija 07a], [Hija 09c], [Hija 08a] et que nous présenterons dans les chapitres suivants.

Dans ce contexte, la question se pose de la précision ultime que l'on peut obtenir dans les opérations d'estimation du canal. L'établissement de bornes inférieures sur cette précision est un objectif important car il fournit des points de références pour qualifier la performance des estimateurs de canal. Les outils pour aborder ce problème sont disponibles dans le cadre de la théorie de l'estimation de paramètres [Tree 68], [Kay 93], sous forme des Bornes de Cramér-Rao (BCR), qui donnent les limites inférieures pour la variance de l'erreur de n'importe quel estimateur non biaisé. La BCR standard (BCRS) concerne l'estimation de paramètres déterministes dans un modèle statistique invariant dans le temps. Une BCR modifiée (BCRM), plus facile à évaluer que la BCR standard, a été introduite dans [Gini 98] [DAnd 94] pour des paramètres déterministes. Le BCRM s'avère utile lorsque les données observées ne dépendent pas seulement du paramètre à estimer mais aussi d'autres paramètres non désirés.

Lorsque le(s) paramètre(s) à estimer est variable dans le temps comme c'est le cas ici, le problème de dérivation de bornes d'estimation a été adressé dans le contexte Bayesien par Van Trees [Tree 68]. Il suppose que les paramètres variables sont aléatoires avec une certaine loi connue, dite *a priori* , comme c'est le cas pour nous. Van Trees a alors dérivé une borne, que nous nommerons[1] ici *borne de Cramér-Rao Bayesienne (BCRB),* qui est adaptée à ce problème. Plus récemment dans [Tich 98], les auteurs proposent un cadre général pour obtenir l'expression analytique des BCRBs dans le cadre d'une estimation de type «en-ligne». De même, une BCRB Modifiée (BCRBM), plus facile à évaluer que la BCRB, a été introduite dans [Bobr 87]. De plus, dans [Bay 08b], les auteurs introduisent une nouvelle borne asymptotique pour l'estimation de phase, nommée la BCRB Asymptotique (BCRBA), sans connaissance des données (NDA : "non-data-aided"). Cette borne est plus proche de la BCRB classique que la BCRBM et est plus facile à évaluer que la BCRB. Notons que, dans le cas de paramètres hybrides (*i.e.*, combinaison de paramètres déterministes et aléatoires), une nouvelle BCR a été introduite qui est une combinaison entre les bornes Standard et Bayesienne, nommée BCR Hybride (BCRH) [Rock 87] [Bay 08a].

Dans cette contribution, nous étudions la BCRB relative au cas de l'estimation des gains complexes de type Rayleigh avec un spectre de Jakes dans un système OFDM. On distingue deux cas différents pour les variations temporelles du canal : gain complexe «variant» et «invariant» à l'intérieur d'un symbole OFDM. Des expressions explicites de la BCRB et ses variantes, BCRBM et BCRBA, sont fournies pour les scénarios «en-ligne»

1. initialement dénommée "Van Trees version of the CRB" ou encore "posterior CRB"'

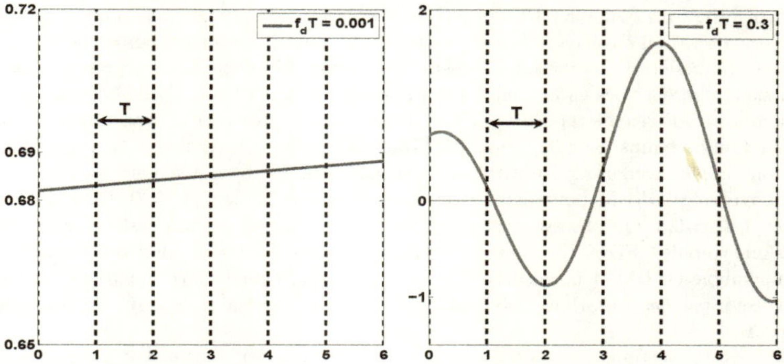

FIGURE 2.1 – Gain complexe exact sur 6 symboles OFDM avec $f_dT = 0.001$ et $f_dT = 0.3$

et «hors-ligne» et, avec et sans connaissance des symboles OFDM (DA : "data-aided" et NDA : "non-data-aided").

Avant de présenter ces calculs de bornes, nous allons préalablement décrire l'approximation polynomiale que nous avons développée pour modéliser les variations temporelles des gains complexes à l'intérieur d'un symbole OFDM. L'idée du développement sur une base polynomiale n'est bien sûr pas nouvelle, comme rappelé au chapitre précédent (P-BEM), mais ce développement, adapté selon notre démarche, sera très utile dans la thèse. D'abord, il nous permet dans ce chapitre de mener le calcul de BCRB qui ne nous avait pas paru faisable directement (pour le cas «variant»). Ensuite, il permettra de bien connaître les évolutions types du canal de Rayleigh, pour répondre par exemple à la question : pour tel étalement Doppler, quel est le degré nécessaire pour un polynôme représentant l'évolution du canal ? Enfin, il est sous-jacent des algorithmes que nous avons développé dans la thèse : indirectement pour le chapitre III, et directement dans le chapitre IV où l'algorithme consistera à estimer les coefficients des polynômes représentant l'évolution des gains à l'intérieur d'un symbole OFDM.

2.2 Modélisation de la variation temporelle des gains complexes

Les équations d'observation, pour un système OFDM comprenant N sous-porteuses et un préfixe cyclique de longueur N_g, sont données par (1.44) :

$$\begin{aligned} \mathbf{y}_{(n)} &= \mathbf{H}_{(n)}\,\mathbf{x}_{(n)} + \mathbf{w}_{(n)} \\ \left[\mathbf{H}_{(n)}\right]_{k,m} &= \frac{1}{N}\sum_{l=1}^{L}\left[e^{-j2\pi(\frac{m-1}{N}-\frac{1}{2})\tau_l}\sum_{q=0}^{N-1}\alpha_l^{(n)}(qT_s)e^{j2\pi\frac{m-k}{N}q}\right] \end{aligned} \tag{2.1}$$

avec $\mathbf{x}_{(n)}$ est le n-ème symbole OFDM transmis, $\mathbf{y}_{(n)}$ est le n-ème symbole OFDM reçu, $\mathbf{w}_{(n)}$ est le bruit blanc complexe Gaussien centré de matrice de covariance $\sigma^2\mathbf{I}_N$ et $\mathbf{H}_{(n)}$ est la matrice du canal durant le n-ème symbole OFDM.

Étant donné que le nombre d'échantillons de gains complexes du canal de Rayleigh à estimer durant un symbole OFDM Lv ($v = N + N_g$) est supérieur au nombre d'équations d'observation N, il n'est pas efficace d'essayer d'estimer directement tous ces échantillons à partir du modèle d'observation ci-dessus. Nous avons plutôt intérêt à représenter les variations temporelles des gains complexes à l'intérieur d'un symbole OFDM par un modèle plus compact. Plusieurs modèles ont été utilisés pour représenter les variations du canal en fonction de temps [Sale 02] [Tang 07] [Toma 05] [Yang 01]. Afin de trouver une modélisation simple, la figure 2.1 illustre une réalisation de la partie réelle du gain complexe sur 6 symboles OFDM pour deux récepteurs, à vitesse faible $f_dT = 0.001$ et à vitesse élevée $f_dT = 0.3$. On observe que, pour des faibles vitesses, le canal est quasi-invariant dans un symbole OFDM. En revanche, pour des vitesses élevées, le canal varie à l'intérieur d'un symbole OFDM et par exemple les variations temporelles ($f_dT = 0.3$) peuvent être modélisées par des variations polynomiales du second degré afin de suivre la pente et la courbure.

Dans cette section, nous allons montrer que, quel que soit l'étalement Doppler $f_dT \leq 0.5$, la variation temporelle (à l'intérieur d'un symbole OFDM) de chaque gain complexe de type Rayleigh $\boldsymbol{\alpha}_l^{(n)} = \left[\alpha_l^{(n)}(-N_gT_s), ..., \alpha_l^{(n)}((N-1)T_s)\right]^T$ peut être modélisée par un polynôme de $N_c \leq 5$ coefficients (*i.e.*, de degré $(N_c - 1)$), ou même inférieur si on admet une petite erreur.

On veut faire passer le plus près possible des v points donnés de $\boldsymbol{\alpha}_l^{(n)}$ une courbe polynomiale de degré $N_c - 1$ imposé. Ainsi, pour $q \in [-N_g, N-1]$, $\alpha_l^{(n)}(qT_s)$ peut être exprimé sous la forme :

$$\alpha_l^{(n)}(qT_s) = \sum_{d=0}^{N_c-1} c_{d+1,l}^{(n)} \, q^d + \xi_l^{(n)}[q] \tag{2.2}$$

où $\mathbf{c}_l^{(n)} = \left[c_{1,l}^{(n)}, ..., c_{N_c,l}^{(n)}\right]^T$ sont les N_c coefficients du polynôme et $\xi_l^{(n)}[q]$ est l'erreur du modèle.

En utilisant la méthode des moindres carrés (régression polynomiale) [cont], le polynôme optimal $\boldsymbol{\alpha}_{\mathbf{pol}_l}^{(n)}$ et ses N_c coefficients $\mathbf{c}_l^{(n)}$ sont donnés par (voir le calcul détaillé dans l'annexe B) :

$$\boldsymbol{\alpha}_{\mathbf{pol}_l}^{(n)} = \mathbf{Q}^T\mathbf{c}_l^{(n)} = \mathbf{S}\boldsymbol{\alpha}_l^{(n)} \tag{2.3}$$

$$\mathbf{c}_l^{(n)} = \left(\mathbf{Q}\mathbf{Q}^T\right)^{-1}\mathbf{Q}\boldsymbol{\alpha}_l^{(n)} \tag{2.4}$$

où $\mathbf{Q}$ est une matrice de taille $N_c \times v$ dont les éléments sont définis par :

$$[\mathbf{Q}]_{k,m} = (m - N_g - 1)^{(k-1)} \tag{2.5}$$

et $\mathbf{S} = \mathbf{Q}^T\left(\mathbf{Q}\mathbf{Q}^T\right)^{-1}\mathbf{Q}$ est une matrice de taille $v \times v$. Parmi tous les polynômes possibles contenant N_c coefficients, ce polynôme est celui qui fournit l'erreur quadratique moyenne minimale (MMSE) dans l'approximation :

$$\mathrm{MMSE}_l^{(0)} = \frac{1}{v}\mathrm{Tr}\left(\mathbf{MMSE}_l^{(0)}\right) \tag{2.6}$$

où $\mathbf{MMSE}_l^{(p)}$ est la matrice de corrélation de $\boldsymbol{\xi}_l^{(n)} = \boldsymbol{\alpha}_l^{(n)} - \boldsymbol{\alpha}_{\mathbf{pol}_l}^{(n)} = \left[\xi_l^{(n)}[-N_g], ..., \xi_l^{(n)}[N-1]\right]^T$ (le vecteur d'erreur du modèle), définie par

$$\mathbf{MMSE}_l^{(p)} = \mathrm{E}\left[\boldsymbol{\xi}_l^{(n)}\boldsymbol{\xi}_l^{(n-p)^H}\right] = (\mathbf{I}_v - \mathbf{S})\mathbf{R}_{\boldsymbol{\alpha}_l}^{(p)}(\mathbf{I}_v - \mathbf{S}^T) \tag{2.7}$$

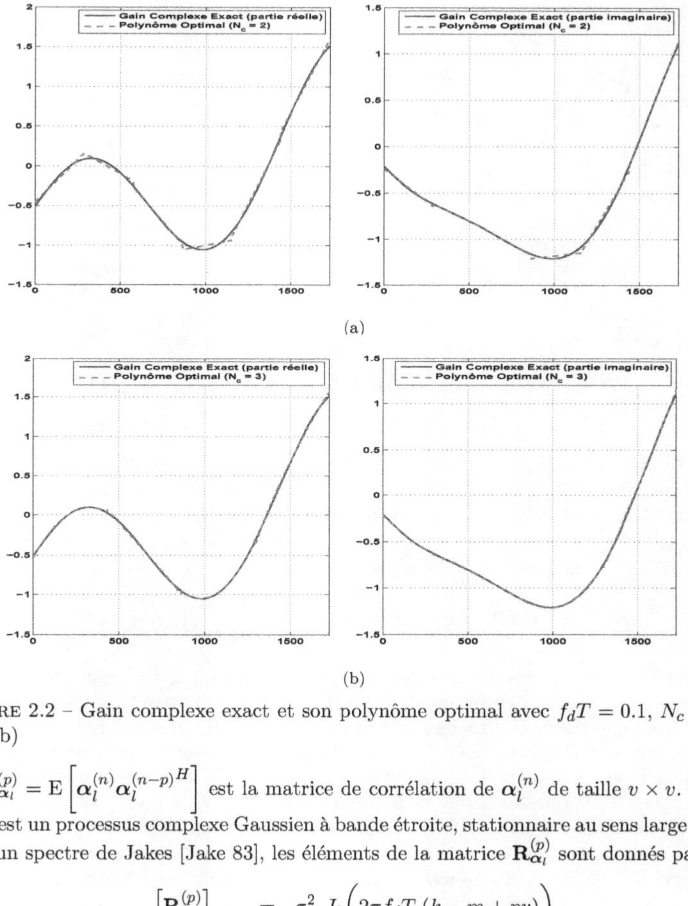

FIGURE 2.2 – Gain complexe exact et son polynôme optimal avec $f_dT = 0.1$, $N_c = 2$ (a) et 3 (b)

où $\mathbf{R}_{\boldsymbol{\alpha}_l}^{(p)} = \mathrm{E}\left[\boldsymbol{\alpha}_l^{(n)}\boldsymbol{\alpha}_l^{(n-p)^H}\right]$ est la matrice de corrélation de $\boldsymbol{\alpha}_l^{(n)}$ de taille $v \times v$. Comme $\alpha_l(t)$ est un processus complexe Gaussien à bande étroite, stationnaire au sens large (WSS), avec un spectre de Jakes [Jake 83], les éléments de la matrice $\mathbf{R}_{\boldsymbol{\alpha}_l}^{(p)}$ sont donnés par :

$$\left[\mathbf{R}_{\boldsymbol{\alpha}_l}^{(p)}\right]_{k,m} = \sigma_{\alpha_l}^2 J_0\Big(2\pi f_d T_s(k-m+pv)\Big) \tag{2.8}$$

À titre d'exemple illustratif, la figure 2.2 présente une réalisation du gain complexe d'un canal à un trajet et son modèle polynomial optimal sur 12 symboles OFDM avec $f_dT = 0.1$, $N_c = 2$ en (a) et $N_c = 3$ en (b). Il est bien clair qu'on a une bonne approximation polynomiale, avec $N_c = 3$.

La figure 2.3 représente l'erreur quadratique moyenne minimale (MMSE), moyennée sur tous les trajets d'un canal normalisé en puissance ($\sum_{l=1}^{L=6} \sigma_{\alpha_l}^2 = 1$), en fonction de l'étalement Doppler f_dT pour différentes valeurs de N_c. On remarque que, pour $f_dT \leq 0.5$ et $N_c = 5$, on a MMSE $< 4 \cdot 10^{-7}$. Cela prouve que, pour des valeurs élevées de f_dT, $\boldsymbol{\alpha}_l^{(n)}$ peut être représenté par un modèle polynomial de $N_c \leq 5$ coefficients. On voit même qu'avec seulement $N_c = 2$ ou 3 coefficients (traduisant globalement la moyenne, la pente et la courbure), l'erreur de modélisation reste faible et devrait être nullement gênante pour

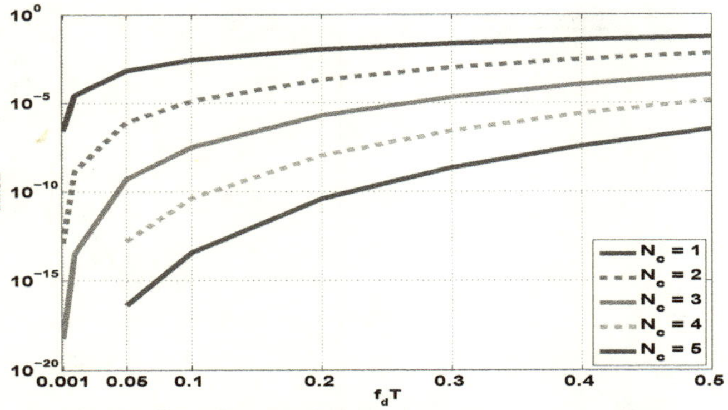

FIGURE 2.3 – MMSE pour un canal normalisé de $L = 6$ trajets et $v = 144$ ($N = 128$, $N_g = 16$)

la mise au point d'algorithmes d'estimation basés sur cette modélisation. En outre, pour $f_dT \leq 0.001$ et $N_c = 1$, on a MMSE $< 4 \cdot 10^{-7}$. Cela signifie que, pour des valeurs faibles de f_dT, les gains complexes sont quasi-invariants à l'intérieur d'un symbole OFDM.

D'après (2.4), les coefficients $\mathbf{c}_l^{(n)}$ sont des variables complexes Gaussiennes centrés et corrélés de matrice de corrélation définie par :

$$\mathbf{R}_{\mathbf{c}_l}^{(p)} = \mathrm{E}[\mathbf{c}_l^{(n)} \, \mathbf{c}_l^{(n-p)^H}] = \left(\mathbf{Q}\mathbf{Q}^T\right)^{-1} \mathbf{Q}\mathbf{R}_{\alpha_l}^{(p)}\mathbf{Q}^T \left(\mathbf{Q}\mathbf{Q}^T\right)^{-1} \tag{2.9}$$

La figure 2.4 montre les variances (moyennées sur tous les trajets) des trois premiers coefficients (pour $N_c = 5$ coefficients) en fonction de f_dT. On constate que la variance diminue très rapidement d'un coefficient à l'autre. Cela signifie que les derniers coefficients sont très faibles. Par conséquent, il est très difficile de trouver un estimateur qui peut donner une bonne estimation des derniers coefficients en présence de bruit. Dans la section suivante, nous étudierons les bornes de performances atteignables pour l'estimation de ces coefficients en fonction de N_c et f_dT.

Dans le cadre de cette régression polynomiale, le modèle d'observation (2.1) pour le n-ème symbole OFDM peut être réécrit comme (voir le calcul détaillé dans l'annexe C) :

$$\mathbf{y}_{(n)} = \boldsymbol{\mathcal{K}}_{(n)} \, \mathbf{c}_{(n)} + \boldsymbol{\epsilon}_{(n)} + \mathbf{w}_{(n)} \tag{2.10}$$

avec $\mathbf{c}_{(n)} = [\mathbf{c}_1^{(n)^T}, ..., \mathbf{c}_L^{(n)^T}]^T$ est un vecteur de taille $LN_c \times 1$ et $\boldsymbol{\mathcal{K}}_{(n)}$ est une matrice de taille $N \times LN_c$, qui dépend des retards des trajets et des symboles pilotes et de données contenu dans le symbole OFDM courant. Elle est définie par :

$$\boldsymbol{\mathcal{K}}_{(n)} = \frac{1}{N}[\mathbf{Z}_1^{(n)}, ..., \mathbf{Z}_L^{(n)}] \tag{2.11}$$

où $\mathbf{Z}_l^{(n)}$ est une matrice de taille $N \times N_c$ définie par :

$$\mathbf{Z}_l^{(n)} = [\mathbf{M}_1 \mathrm{diag}\{\mathbf{x}_{(n)}\}\mathbf{f}_l, ..., \mathbf{M}_{N_c} \mathrm{diag}\{\mathbf{x}_{(n)}\}\mathbf{f}_l] \tag{2.12}$$

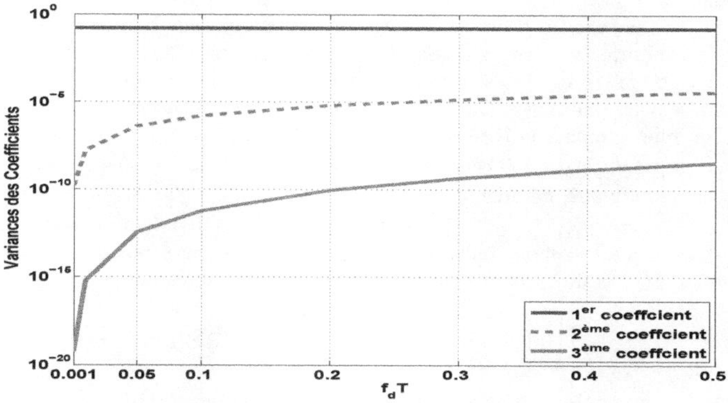

FIGURE 2.4 – Variances moyennées des trois premiers coefficients pour un canal normalisé de $L = 6$ trajets et $v = 144$ ($N = 128$, $N_g = 16$)

où $\mathbf{f}_l$ est la l-ème colonne de la matrice de transformation de Fourier $\mathbf{F}$ de taille $N \times L$ définie par (1.30) et $\mathbf{M}_d$ est une matrice de taille $N \times N$ donnée par :

$$[\mathbf{M}_d]_{k,m} = \sum_{q=0}^{N-1} q^{d-1} e^{j2\pi \frac{m-k}{N} q} \tag{2.13}$$

La deuxième composante dans l'équation (2.10), $\boldsymbol{\epsilon}_{(n)}$, représente l'erreur due à l'approximation polynomiale dans le modèle d'observation. Elle est donnée par :

$$\boldsymbol{\epsilon}_{(n)} = \mathbf{H}_{\boldsymbol{\xi}_{(n)}} \mathbf{x}_{(n)} \tag{2.14}$$

où $\mathbf{H}_{\boldsymbol{\xi}_{(n)}}$ est une matrice de taille $N \times N$ dont les éléments sont définis par :

$$[\mathbf{H}_{\boldsymbol{\xi}_{(n)}}]_{k,m} = \frac{1}{N} \sum_{l=1}^{L} \left[e^{-j2\pi(\frac{m-1}{N} - \frac{1}{2})\tau_l} \sum_{q=0}^{N-1} \xi_l^{(n)}(qT_s) e^{j2\pi \frac{m-k}{N} q} \right] \tag{2.15}$$

Notons que si le degré du polynôme est bien choisi, l'erreur $\boldsymbol{\epsilon}_{(n)}$ pourrait être omise dans la nouvelle équation d'observation (2.10). En fait nous l'omettrons pour la mise au point des algorithmes (dernier chapitre), mais nous la conserverons pour le calcul des bornes de performances afin de limiter les approximations.

Notons aussi que si les gains complexes sont invariants à l'intérieur d'un symbole OFDM, $i, e.$, $\alpha_l^{(n)}(-N_g T_s) = ... = \alpha_l^{(n)}((N-1)T_s) = c_{1,l}^{(n)}$, alors la matrice du canal $\mathbf{H}_{(n)}$ est diagonale, $N_c = 1$, $\boldsymbol{\mathcal{K}}_{(n)} = \text{diag}\{\mathbf{x}_{(n)}\}\mathbf{F}$, $\mathbf{H}_{\boldsymbol{\xi}_{(n)}} = \mathbf{0}_N$ et $\mathbf{R}_{\mathbf{c}_l}^{(p)} = \sigma_{\alpha_l}^2 J_0(2\pi f_d T p)$.

2.3 Bornes de Cramér-Rao Bayesienne (BCRBs)

2.3.1 Définition des BCRB «hors-ligne» et «en-ligne»

Dans cette section, nous présentons la famille des Bornes de Cramér-Rao (BCRs). Les BCRs fournissent une borne inférieure sur l'erreur quadratique moyenne (EQM) de n'importe quel estimateur sans biais. On donne l'expression générale de la Borne de Cramér-Rao Bayesienne (BCRB) et sa version modifiée (BCRBM). La BCRB est particulièrement adaptée pour les problèmes où le paramètre à estimer est supposé aléatoire avec la disponibilité de l'information à priori. Soit $\hat{\mathbf{c}}(\mathbf{y})$ un estimateur sans biais de $\mathbf{c}$ à partir de l'ensemble des mesures $\mathbf{y}$. Deux stratégies d'estimation pour $\mathbf{c}$ sont traditionnellement envisagées : la première est basée sur un traitement «hors-ligne» alors que la seconde utilise un traitement «en-ligne». Dans un scénario «hors-ligne», le récepteur attend l'acquisition d'un bloc complet de K observations, *i.e.*, $\mathbf{y} = [\mathbf{y}_{(1)}{}^T, ..., \mathbf{y}_{(K)}{}^T]^T$, pour estimer $\mathbf{c} = [\mathbf{c}_{(1)}{}^T, ..., \mathbf{c}_{(K)}{}^T]^T$. Dans un scénario «en-ligne», le récepteur estime $\mathbf{c}_{(n)}$ en utilisant seulement les échantillons précédemment acquis $[\mathbf{y}_{(1)}{}^T, ..., \mathbf{y}_{(n-1)}{}^T]^T$ et l'observation courante $\mathbf{y}_{(n)}$, *i.e.*, $\mathbf{y} = [\mathbf{y}_{(1)}{}^T, ..., \mathbf{y}_{(n)}{}^T]^T$. Dans la suite, la BCRB sera envisagée dans le cadre des deux scénarios «hors-ligne» et «en-ligne». Van Trees a montré [Tree 68] que tout estimateur $\hat{\mathbf{c}}(\mathbf{y})$ était borné par la BCRB de la manière suivante :

$$\mathrm{E}_{\mathbf{y},\mathbf{c}}\Big[\big(\hat{\mathbf{c}}(\mathbf{y}) - \mathbf{c}\big)\big(\hat{\mathbf{c}}(\mathbf{y}) - \mathbf{c}\big)^H\Big] \quad \geq \quad \mathbf{BCRB}(\mathbf{c}) \tag{2.16}$$

La BCRB est l'inverse de la Matrice Bayesienne d'Information (MBI), notée ici $\mathbf{B}$, qui peut être écrite comme suit :

$$\mathbf{B} \quad = \quad \mathrm{E}_{\mathbf{c}}\big[\mathbf{Fi}(\mathbf{c})\big] + \mathrm{E}_{\mathbf{c}}\big[-\Delta_{\mathbf{c}}^{\mathbf{c}} \ln\big(p(\mathbf{c})\big)\big] \tag{2.17}$$

où $p(\mathbf{c})$ est la probabilité à priori et $\mathbf{Fi}(\mathbf{c})$ est la Matrice d'Information de Fisher (MIF) définie par :

$$\mathbf{Fi}(\mathbf{c}) \quad = \quad \mathrm{E}_{\mathbf{y}|\mathbf{c}}\big[-\Delta_{\mathbf{c}}^{\mathbf{c}} \ln\big(p(\mathbf{y}|\mathbf{c})\big)\big] \tag{2.18}$$

avec $p(\mathbf{y}|\mathbf{c})$ est la probabilité conditionnelle de $\mathbf{y}$ sachant $\mathbf{c}$. $\Delta_{\mathbf{y}}^{\mathbf{x}}$ est l'opérateur de dérivée partielle du second ordre, *i.e.*, $\left[\Delta_{\mathbf{y}}^{\mathbf{x}}\right]_{k,m} = \frac{\partial^2}{\partial[\boldsymbol{y}]_k^* \partial[\boldsymbol{x}]_m}$ [Seno 05]. Le premier terme de (2.17) peut être interprété comme l'information fournie par les observations $\mathbf{y}$ moyennée par rapport à $\mathbf{c}$ et le dernier terme comme l'information disponible fournie par la connaissance à priori de $\mathbf{c}$. Ce dernier terme tient compte de la dépendance en temps des coefficients à différents instants. Nous rappelons que la Borne de Cramér-Rao Standard (BCRS) est directement l'inverse de la Matrice d'Information de Fisher, *i.e.*, l'information à priori n'est pas utilisée.
Malheureusement, dans la plupart des cas en contexte NDA, le calcul de $\mathbf{Fi}(\mathbf{c})$ est généralement fastidieux. En effet, la probabilité $p(\mathbf{y}|\mathbf{c})$ ne peut pas être analytiquement calculée, à cause de la présence de paramètres dits *de nuisance* $\mathbf{x} = [\mathbf{x}_{(1)}{}^T, ..., \mathbf{x}_{(K)}{}^T]^T$, qui sont dans notre cas les symboles OFDM. Les paramètres de nuisance sont des paramètres que l'on ne cherche pas à estimer, mais qui interviennent pour l'estimation des paramètres désirés. Afin de contourner ce problème, une BCRB Modifiée (BCRBM) a été proposée dans [Bobr 87]. Cette BCRBM est l'inverse de la matrice d'information suivante :

$$\mathbf{C} \quad = \quad \mathrm{E}_{\mathbf{c}}\big[\mathbf{G}(\mathbf{c})\big] + \mathrm{E}_{\mathbf{c}}\big[-\Delta_{\mathbf{c}}^{\mathbf{c}} \ln\big(p(\mathbf{c})\big)\big] \tag{2.19}$$

avec $\mathbf{G}(\mathbf{c})$ est la Matrice d'Information de Fisher (MIF) modifiée définie par :

$$\mathbf{G}(\mathbf{c}) \quad = \quad \mathrm{E}_{\mathbf{x}}\mathrm{E}_{\mathbf{y}|\mathbf{x},\mathbf{c}}\big[-\Delta_{\mathbf{c}}^{\mathbf{c}} \ln\big(p(\mathbf{y}|\mathbf{x},\mathbf{c})\big)\big] \tag{2.20}$$

Notons que la BCRBM en contexte NDA est égale à la BCRB en contexte DA, *i.e.*, lorsque les paramètres de nuisance $\mathbf{x}$ sont à priori connus.

Notre objectif final est l'estimation des gains complexes de différents trajets $\boldsymbol{\alpha} = [\boldsymbol{\alpha}_{(1)}{}^T, ..., \boldsymbol{\alpha}_{(K)}{}^T]^T$, avec $\boldsymbol{\alpha}_{(n)} = \left[\alpha_1^{(n)T}, ..., \alpha_L^{(n)T}\right]^T$.

À partir de (2.2), les gains à estimer $\boldsymbol{\alpha}$ sont liés aux coefficients $\mathbf{c}$ par la relation suivante :

$$\boldsymbol{\alpha} = \boldsymbol{\mathcal{Q}}\mathbf{c} + \boldsymbol{\xi} \tag{2.21}$$

avec $\boldsymbol{\mathcal{Q}} = \text{blkdiag}\left\{\mathbf{Q}^T, ..., \mathbf{Q}^T\right\}$ est une matrice de taille $KLv \times KLN_c$ et $\boldsymbol{\xi} = [\boldsymbol{\xi}_{(1)}^T, ..., \boldsymbol{\xi}_{(K)}^T]^T$ où $\boldsymbol{\xi}_{(n)} = \left[\boldsymbol{\xi}_1^{(n)T}, ..., \boldsymbol{\xi}_L^{(n)T}\right]^T$. Et l'estimation de $\boldsymbol{\alpha}$ est donnée par :

$$\hat{\boldsymbol{\alpha}} = \boldsymbol{\mathcal{Q}}\hat{\mathbf{c}} \tag{2.22}$$

En négligeant les termes d' inter-corrélation entre les erreurs $\boldsymbol{\alpha}_{\mathbf{pol}} - \hat{\boldsymbol{\alpha}}$ et $\boldsymbol{\xi}$, on peut écrire :

$$\text{E}\left[(\hat{\boldsymbol{\alpha}} - \boldsymbol{\alpha})(\hat{\boldsymbol{\alpha}} - \boldsymbol{\alpha})^H\right] = \text{E}\left[(\hat{\boldsymbol{\alpha}} - \boldsymbol{\alpha}_{\mathbf{pol}})(\hat{\boldsymbol{\alpha}} - \boldsymbol{\alpha}_{\mathbf{pol}})^H\right] + \text{E}\left[\boldsymbol{\xi}\boldsymbol{\xi}^H\right] \tag{2.23}$$

avec $\boldsymbol{\alpha}_{\mathbf{pol}} = \boldsymbol{\mathcal{Q}}\mathbf{c}$. Ainsi, en utilisant les propriétés de la transformation de paramètres définies en [Kay 93], on peut à partir de la BCRB de $\mathbf{c}$ déduire la BCRB de $\boldsymbol{\alpha}$ comme suit :

$$\begin{aligned}\mathbf{BCRB}(\boldsymbol{\alpha}) &= (\nabla_{\mathbf{c}}\boldsymbol{\alpha}_{\mathbf{pol}})\mathbf{BCRB}(\mathbf{c})(\nabla_{\mathbf{c}}\boldsymbol{\alpha}_{\mathbf{pol}}^T) + \text{E}\left[\boldsymbol{\xi}\boldsymbol{\xi}^H\right] \\ &= \boldsymbol{\mathcal{Q}}\ \mathbf{BCRB}(\mathbf{c})\ \boldsymbol{\mathcal{Q}}^T + \mathbf{MMSE}\end{aligned} \tag{2.24}$$

avec $\nabla_{\mathbf{x}}$ est l'opérateur de dérivée partielle du premier ordre et $\mathbf{MMSE}$ est une matrice de taille $KLv \times KLv$ donnée par :

$$\mathbf{MMSE}_{[i(l,p),i(l,p')]} = \mathbf{MMSE}_l^{(p-p')} \text{ pour } {\scriptstyle l\in[1,L]\ p,p'\in[0,K-1]} \tag{2.25}$$

avec $i(l,p) = 1 + (l-1)v + pLv : lv + pLv$ est une séquence d'indices et $\mathbf{MMSE}_l^{(p)}$ est la matrice de corrélation de l'erreur du modèle $\boldsymbol{\xi}_l{}^{(n)}$ définie par (2.7). Notons qu'il y a des matrices de zéros entre les blocs $\mathbf{MMSE}_l^{(p)}$ car les L différents gains complexes sont non corrélés. Par exemple, pour $K = L = 2$, la matrice $\mathbf{MMSE}$ est donnée par :

$$\mathbf{MMSE} = \begin{bmatrix} \mathbf{MMSE}_1^{(0)} & \mathbf{0}_v & \mathbf{MMSE}_1^{(-1)} & \mathbf{0}_v \\ \mathbf{0}_v & \mathbf{MMSE}_2^{(0)} & \mathbf{0}_v & \mathbf{MMSE}_2^{(-1)} \\ \mathbf{MMSE}_1^{(1)} & \mathbf{0}_v & \mathbf{MMSE}_1^{(0)} & \mathbf{0}_v \\ \mathbf{0}_v & \mathbf{MMSE}_2^{(1)} & \mathbf{0}_v & \mathbf{MMSE}_2^{(0)} \end{bmatrix}$$

où $\mathbf{0}_v$ est une matrice de zéros de taille $v \times v$.

Le calcul de la BCRB «hors-ligne» associée à l'estimation de $\boldsymbol{\alpha}_{(n)}$ est donné [Bay 08b] par :

$$\text{BCRB}(\boldsymbol{\alpha}_{(n)})_{hors-ligne} = \text{Tr}\Big(\mathbf{BCRB}(\boldsymbol{\alpha})_{[i(n),i(n)]}\Big) \tag{2.26}$$

avec $i(n) = 1 + (n-1)Lv : nLv$ la séquence des indices où $n \in [1, K]$. La BCRB «en-ligne» associée au vecteur d'observation $\mathbf{y} = [\mathbf{y}_{(1)}{}^T, ..., \mathbf{y}_{(K)}{}^T]^T$ est donnée par :

$$\text{BCRB}(\boldsymbol{\alpha}_{(K)})_{en-ligne} = \text{Tr}\Big(\mathbf{BCRB}(\boldsymbol{\alpha})_{[i(K),i(K)]}\Big) \tag{2.27}$$

Les définitions dans (2.24), (2.26) et (2.27) seront utilisées de la même façon pour les variantes de BCRB, *i.e.*, BCRBM et BCRBA.

Finalement, on peut résumer que l'on passera par le calcul de la BCRB des coefficients des polynômes $\mathbf{BCRB}(\mathbf{c})$ afin d'avoir la BCRB des gains complexes $\mathbf{BCRB}(\boldsymbol{\alpha})$.

2.3.2 BCRB pour l'estimation des coefficients c et des gains α

Dans cette section, on propose deux expressions de bornes très proches de la BCRB d'estimation des coefficients des polynômes $\mathbf{c}_{(n)}$ des gains complexes pour un système OFDM sans connaissance des données (NDA). Ces bornes sont calculées pour des gains complexes «variants» et «invariants» dans le temps à l'intérieur d'un symbole OFDM. Le deuxième cas donnera des expressions plus simples et suffisantes pour des variations lentes du canal à l'échelle d'un temps symbole, ce qui reste la situation souhaitable (en tout cas favorable) en OFDM. Pour le contexte de DA, on déduira le calcul de la vraie BCRB à partir du calcul de la BCRBM obtenue en contexte NDA.

2.3.2.1 Gains complexes «variants» durant un symbole OFDM

a) Contexte NDA

- **Calcul de $\mathrm{E}_{\mathbf{c}}\big[\mathbf{Fi}(\mathbf{c})\big]$** :

Le modèle d'observation d'un système OFDM est donné par (2.1). En utilisant le fait que le bruit $\mathbf{w} = [\mathbf{w}_{(1)}{}^T, ..., \mathbf{w}_{(K)}{}^T]^T$ est blanc et les symboles OFDM transmis $\mathbf{x}$ sont indépendants, on peut écrire :

$$\Delta_{\mathbf{c}}^{\mathbf{c}} \ln\big(p(\mathbf{y}|\mathbf{c})\big) = \sum_{n=1}^{K} \Delta_{\mathbf{c}}^{\mathbf{c}} \ln\big(p(\mathbf{y}_{(n)}|\mathbf{c}_{(n)})\big) \tag{2.28}$$

Il est important de noter que chaque terme de la sommation dans (2.28) est une matrice diagonale par blocs de taille $KLN_c \times KLN_c$ dont un seul bloc est une matrice non nulle de taille $LN_c \times LN_c$ donnée par :

$$\Delta_{\mathbf{c}}^{\mathbf{c}} \ln\big(p(\mathbf{y}_{(n)}|\mathbf{c}_{(n)})\big)_{[i'(n),i'(n)]} = \Delta_{\mathbf{c}_{(n)}}^{\mathbf{c}_{(n)}} \ln\big(p(\mathbf{y}_{(n)}|\mathbf{c}_{(n)})\big) \tag{2.29}$$

avec $i'(n) = 1 + (n-1)LN_c : nLN_c$ est une séquence d'indices où $n \in [1, K]$. Comme conséquence directe, $\Delta_{\mathbf{c}}^{\mathbf{c}} \ln\big(p(\mathbf{y}|\mathbf{c})\big)$ est une matrice diagonale par blocs dont le n-ème bloc de la diagonale est donné par (2.29). En outre, en raison de la circularité du bruit d'observation, l'espérance de (2.29) par rapport à $\mathbf{y}_{(n)}$ et $\mathbf{c}_{(n)}$ ne dépend pas de $\mathbf{c}_{(n)}$. On obtient donc :

$$\mathrm{E}_{\mathbf{c}}\big[\mathbf{Fi}(\mathbf{c})\big] = \mathrm{blkdiag}\,\{\mathbf{J}, \mathbf{J}, ..., \mathbf{J}\} \tag{2.30}$$

où $\mathbf{J}$ est une matrice de taille $LN_c \times LN_c$ définie par :

$$\mathbf{J} = \mathrm{E}_{\mathbf{y},\mathbf{c}}\big[-\Delta_{\mathbf{c}_{(n)}}^{\mathbf{c}_{(n)}} \ln\big(p(\mathbf{y}_{(n)}|\mathbf{c}_{(n)})\big)\big] \tag{2.31}$$

En utilisant le théorème des probabilités totales, le logarithme de la fonction de vraisemblance (log-likelihood) dans (2.31) peut s'exprimer sous la forme :

$$\ln\big(p(\mathbf{y}_{(n)}|\mathbf{c}_{(n)})\big) = \ln\Big(\sum_{\mathbf{x}_{(n)}} p(\mathbf{y}_{(n)}|\mathbf{x}_{(n)}, \mathbf{c}_{(n)})p(\mathbf{x}_{(n)})\Big) \tag{2.32}$$

Afin de simplifier le calcul de $p(\mathbf{y}_{(n)}|\mathbf{x}_{(n)}, \mathbf{c}_{(n)})$, nous supposons [2] que le vecteur $\boldsymbol{\xi}_{(n)}$ sachant $\mathbf{c}_{(n)}$ reste un vecteur complexe Gaussien centré. Ainsi, le vecteur $\mathbf{y}_{(n)}$ sachant $\mathbf{x}_{(n)}$ et $\mathbf{c}_{(n)}$ est complexe Gaussien de vecteur moyenne $\mathbf{m}_{(n)} = \boldsymbol{\mathcal{K}}_{(n)}\mathbf{c}_{(n)}$ et de matrice de covariance

2. approximation valide en supposant l'erreur de modélisation $\epsilon_{(n)}$ indépendante du terme utile $\boldsymbol{\mathcal{K}}_{(n)}$ dans (2.10).

$\boldsymbol{\Omega} = \boldsymbol{\mathcal{R}} + \sigma^2 \mathbf{I}_N$ où $\boldsymbol{\mathcal{R}}$ est une matrice de corrélation de $\boldsymbol{\epsilon}_{(n)}$ de taille $N \times N$ donnée par (voir le calcul détaillé dans l'annexe D) :

$$\boldsymbol{\mathcal{R}} = \mathrm{E}_{\boldsymbol{\xi}_{(n)},\mathbf{x}_{(n)}}\left[\boldsymbol{\epsilon}_{(n)}\boldsymbol{\epsilon}_{(n)}^H\right] = \frac{\beta}{N}\,\boldsymbol{\Lambda}\,\mathrm{diag}\{\mathrm{diag}\{\boldsymbol{\Gamma}\}\}\,\boldsymbol{\Lambda}^H \tag{2.33}$$

où $\beta = \sum_{l=1}^{L} \sigma_{\alpha_l}^2$ est la puissance totale du canal, $\boldsymbol{\Lambda}$ et $\boldsymbol{\Gamma}$ sont deux matrices de tailles $N \times N$ définies par :

$$[\boldsymbol{\Lambda}]_{k,m} = e^{-j2\pi\frac{k}{N}(m-1)} \tag{2.34}$$

$$\boldsymbol{\Gamma} = \frac{1}{\sigma_{\alpha_l}^2}\mathbf{MMSE}_l^{(0)}{}_{[N_g+1:v,N_g+1:v]} \tag{2.35}$$

Ainsi, $p(\mathbf{y}_{(n)}|\mathbf{x}_{(n)},\mathbf{c}_{(n)})$ est définie comme suit :

$$p(\mathbf{y}_{(n)}|\mathbf{x}_{(n)},\mathbf{c}_{(n)}) = \frac{1}{|\pi\boldsymbol{\Omega}|}e^{-(\mathbf{y}_{(n)}-\mathbf{m}_{(n)})^H\boldsymbol{\Omega}^{-1}(\mathbf{y}_{(n)}-\mathbf{m}_{(n)})} \tag{2.36}$$

Étant donné que chaque élément du vecteur $\mathbf{m}_{(n)}$ dépend de toutes les composantes de $\mathbf{x}_{(n)}$, le calcul de $\mathbf{J}$ est une tâche très complexe. Par conséquent, on se contente de calculer la BCRBM. En suivant le même raisonnement que précédemment, on obtient :

$$\mathrm{E}_{\mathbf{c}}\big[\mathbf{G}(\mathbf{c})\big] = \mathrm{blkdiag}\{\mathbf{J}_m,\mathbf{J}_m,...,\mathbf{J}_m\} \tag{2.37}$$

où $\mathbf{J}_m$ est une matrice de taille $LN_c \times LN_c$ définie par :

$$\mathbf{J}_m = \mathrm{E}_{\mathbf{y},\mathbf{x},\mathbf{c}}\big[-\Delta_{\mathbf{c}_{(n)}}^{\mathbf{c}_{(n)}}\ \ln\big(p(\mathbf{y}_{(n)}|\mathbf{x}_{(n)},\mathbf{c}_{(n)})\big)\big] \tag{2.38}$$

En faisant la dérivée seconde du logarithme naturel ou népérien (ln) de l'équation (2.36) par rapport à $\mathbf{c}_{(n)}$, on obtient simplement :

$$\Delta_{\mathbf{c}_{(n)}}^{\mathbf{c}_{(n)}}\ \ln\big(p(\mathbf{y}_{(n)}|\mathbf{x}_{(n)},\mathbf{c}_{(n)})\big) = -\boldsymbol{\mathcal{K}}_{(n)}^H\boldsymbol{\Omega}^{-1}\boldsymbol{\mathcal{K}}_{(n)} \tag{2.39}$$

Par conséquent, on obtient (voir le calcul détaillé dans l'annexe E) :

$$\mathbf{J}_m = \mathrm{E}_{\mathbf{x}}\left[\boldsymbol{\mathcal{K}}_{(n)}^H\boldsymbol{\Omega}^{-1}\boldsymbol{\mathcal{K}}_{(n)}\right] = \frac{1}{N^2}\boldsymbol{\mathcal{F}}^H\boldsymbol{\mathcal{M}}\boldsymbol{\mathcal{F}} \tag{2.40}$$

avec $\boldsymbol{\mathcal{M}}$ et $\boldsymbol{\mathcal{F}}$ deux matrices de tailles respectives $NN_c \times NN_c$ et $NN_c \times LN_c$, définies par :

$$\boldsymbol{\mathcal{M}} = \begin{bmatrix} \boldsymbol{\mathcal{M}}_{1,1} & \cdots & \boldsymbol{\mathcal{M}}_{1,N_c} \\ \vdots & \ddots & \vdots \\ \boldsymbol{\mathcal{M}}_{N_c,1} & \cdots & \boldsymbol{\mathcal{M}}_{N_c,N_c} \end{bmatrix} \tag{2.41}$$

$$\boldsymbol{\mathcal{F}} = \begin{bmatrix} \boldsymbol{\mathcal{F}}_1 & \cdots & \boldsymbol{\mathcal{F}}_L \end{bmatrix} \tag{2.42}$$

où $\boldsymbol{\mathcal{M}}_{d,d'}$ et $\boldsymbol{\mathcal{F}}_l$ sont deux matrices de tailles respectives $N \times N$ et $NN_c \times N_c$, définies par :

$$\boldsymbol{\mathcal{M}}_{d,d'} = \mathrm{diag}\{\mathrm{diag}\{\mathbf{M}_d^H\boldsymbol{\Omega}^{-1}\mathbf{M}_{d'}\}\} \tag{2.43}$$

$$\boldsymbol{\mathcal{F}}_l = \mathrm{blkdiag}\{\mathbf{f}_l,\mathbf{f}_l,...,\mathbf{f}_l\} \tag{2.44}$$

- **Calcul de $\mathrm{E}_{\mathbf{c}}\big[-\Delta_{\mathbf{c}}^{\mathbf{c}}\ \ln\big(p(\mathbf{c})\big)\big]$** :

$\mathbf{c}$ est un vecteur complexe Gaussien centré de matrice de covariance $\mathbf{R_c}$ de taille $KLN_c \times KLN_c$ définie par :

$$\mathbf{R}_{\mathbf{c}[i'(l,p),i'(l,p')]} = \mathbf{R}_{\mathbf{c}_l}^{(p-p')} \text{ pour } {}_{l\in[1,L]\;\; p,p'\in[0,K-1]} \tag{2.45}$$

où $i'(l,p) = 1 + (l-1)N_c + pLN_c : lN_c + pLN_c$, et $\mathbf{R}_{\mathbf{c}_l}^{(p)}$ est la matrice de corrélation de $\mathbf{c}_l{}^{(n)}$ définie par (2.9). Ainsi, la densité de probabilité $p(\mathbf{c})$ est définie par :

$$p(\mathbf{c}) = \frac{1}{|\pi\mathbf{R_c}|} e^{-\mathbf{c}^H\mathbf{R_c}^{-1}\mathbf{c}} \tag{2.46}$$

En faisant la dérivée seconde du logarithme naturel ou népérien (ln) de l'équation (2.46) par rapport à $\mathbf{c}$ et en effectuant l'espérance (moyenne) sur $\mathbf{c}$, on obtient simplement :

$$\mathrm{E}_{\mathbf{c}}\left[-\Delta_{\mathbf{c}}^{\mathbf{c}} \ln\left(p(\mathbf{c})\right)\right] = \mathbf{R_c}^{-1} \tag{2.47}$$

La BCRBM pour l'estimation des coefficients des polynômes $\mathbf{c}$ dans le contexte NDA est ainsi donnée par :

$$\mathbf{BCRBM(c)} = \left(\text{blkdiag}\left\{\mathbf{J}_m, \mathbf{J}_m, ..., \mathbf{J}_m\right\} + \mathbf{R_c}^{-1}\right)^{-1} \tag{2.48}$$

Notons que la BCRBM est généralement plus faible que la BCRB. Comme dans (2.24), la BCRBM pour l'estimation de $\boldsymbol{\alpha}$ est finalement donnée par :

$$\mathbf{BCRBM}(\boldsymbol{\alpha}) = \boldsymbol{\mathcal{Q}}\ \mathbf{BCRBM(c)}\ \boldsymbol{\mathcal{Q}}^T + \mathbf{MMSE} \tag{2.49}$$

b) Contexte DA

Dans le contexte DA, les symboles de données transmis $\mathbf{x}_{(n)}$ sont connus au récepteur et donc un moyennage sur les données n'est pas nécessaire. Ainsi, la matrice $\mathbf{J}$ est calculée comme $\mathbf{J}_m$ mais sans faire une moyenne sur les symboles de données $\mathbf{x}_{(n)}$ et, par conséquent, cette matrice dépend du n-ème symbole OFDM transmis. D'où, $\mathbf{J}_{(n)}$ est donnée par :

$$\mathbf{J}_{(n)} = \boldsymbol{\mathcal{K}}_{(n)}^H \boldsymbol{\Omega}_{(n)}^{-1} \boldsymbol{\mathcal{K}}_{(n)} = \frac{1}{N^2} \boldsymbol{\mathcal{F}}_{(n)}^H \boldsymbol{\mathcal{M}}_{(n)} \boldsymbol{\mathcal{F}}_{(n)} \tag{2.50}$$

avec $\boldsymbol{\Omega}_{(n)} = \boldsymbol{\mathcal{R}}_{(n)} + \sigma^2\mathbf{I}_N$ où la matrice $\boldsymbol{\mathcal{R}}_{(n)}$ est donnée par (voir le calcul détaillé dans l'annexe D) :

$$\boldsymbol{\mathcal{R}}_{(n)} = \mathrm{E}_{\boldsymbol{\xi}_{(n)}}\left[\boldsymbol{\epsilon}_{(n)}\boldsymbol{\epsilon}_{(n)}^H\right] = \frac{1}{N^2}\boldsymbol{\Lambda}\left(\boldsymbol{\Gamma} \bullet \boldsymbol{\mathcal{Z}}_{(n)}\right)\boldsymbol{\Lambda}^H \tag{2.51}$$

où $\bullet$ est l'opérateur de produit élément-par-élément et $\boldsymbol{\mathcal{Z}}_{(n)}$ est une matrice de taille $N \times N$ donnée par :

$$\boldsymbol{\mathcal{Z}}_{(n)} = \boldsymbol{\Lambda}^H \text{diag}\{\mathbf{x}_{(n)}\}\mathbf{F}\ \mathbf{D}\ \mathbf{F}^H \text{diag}\{\mathbf{x}_{(n)}^H\}\boldsymbol{\Lambda} \tag{2.52}$$

avec $\mathbf{D} = \text{diag}\left\{\sigma_{\alpha_1}^2, ..., \sigma_{\alpha_L}^2\right\}$. La matrice $\boldsymbol{\mathcal{M}}_{(n)}$ est calculée comme la matrice $\boldsymbol{\mathcal{M}}$ mais en remplaçant $\boldsymbol{\Omega}$ dans l'équation (2.43) par $\boldsymbol{\Omega}_{(n)}$. La matrice $\boldsymbol{\mathcal{F}}_{(n)}$ est calculée comme la matrice $\boldsymbol{\mathcal{F}}$ mais en remplaçant $\mathbf{f}_l$ dans l'équation (2.44) par $\text{diag}\{\mathbf{x}_{(n)}\}\mathbf{f}_l$.

La BCRB pour l'estimation de $\mathbf{c}$ dans le contexte DA est donnée par :

$$\mathbf{BCRB(c)} = \left(\text{blkdiag}\left\{\mathbf{J}_{(1)}, \mathbf{J}_{(2)}, ..., \mathbf{J}_{(K)}\right\} + \mathbf{R_c}^{-1}\right)^{-1} \tag{2.53}$$

et par conséquent la BCRB pour l'estimation de $\boldsymbol{\alpha}$ est obtenue comme (2.24). Il est important de noter que la BCRB pour l'estimation de $\boldsymbol{\alpha}$ dans le contexte DA dépend de la séquence des données transmise $\mathbf{x}$.

2.3.2.2 Gains complexes «invariants» durant un symbole OFDM

Dans cette section, nous proposons une expression des BCRB et BCRBM pour l'estimation des gains complexes «invariants» dans le temps à l'intérieur d'un symbole OFDM en contexte NDA. Cette borne aura un intérêt pratique pour les canaux à variation temporelle lente. En outre, la mise en oeuvre pratique du calcul de la BCRB est décrite. Les approximations à faible et fort Rapports Signal à Bruit (RSB) de la BCRB sont également établies, offrant une alternative intéressante à l'évaluation de la BCRB.

Dans ce cas d'étude, il n'y a plus besoin de la modélisation polynomiale puisque le gain est constant à l'intérieur d'un symbole OFDM. On peut donc simplifier les résultats précédents avec $N_c = 1$, et donc $\boldsymbol{\alpha} = \mathbf{c}$. On peut ainsi écrire : $\boldsymbol{\mathcal{K}}_{(n)} = \text{diag}\{\mathbf{x}_{(n)}\}\mathbf{F}$, $\mathbf{R}_{\mathbf{c}_l}^{(p)} = \sigma_{\alpha_l}^2 J_0(2\pi f_d T p) = \mathbf{R}_{\mathbf{c}_l}^{(p)}$, $\boldsymbol{\Omega} = \sigma^2 \mathbf{I}_N$ et $\mathbf{BCRB}(\boldsymbol{\alpha}) = \mathbf{BCRB}(\mathbf{c})$. En remplaçant ces résultats en (2.39) et (2.40), on obtient :

$$\mathbf{J}_m = \frac{1}{\sigma^2}\mathbf{F}^H\mathbf{F} \tag{2.54}$$

et en conséquence $\mathbf{BCRBM}(\boldsymbol{\alpha})$ comme en (2.48).

Dans ce cas, chaque élément du vecteur $\mathbf{m}_{(n)} = \text{diag}\{\mathbf{x}_{(n)}\}\mathbf{F}\mathbf{c}_{(n)}$ dépend d'un seul élément de $\mathbf{x}_{(n)}$, alors le calcul de $\mathbf{J}$ est possible. Il est important de noter que, dans le contexte de NDA, la BCRB dépend du type de modulation des symboles OFDM. Par conséquent, on évalue dans la suite $\mathbf{J}$ pour des symboles OFDM avec une modulation de type 4-QAM. En utilisant le fait que le bruit est Gaussien et que les symboles 4-QAM normalisés (*i.e.*, $\text{E}\big[[\mathbf{x}_{(n)}]_k[\mathbf{x}_{(n)}]_k^*\big] = 1$) sont équiprobables, on obtient (voir le calcul détaillé dans l'annexe F) :

$$\ln\left(p(\mathbf{y}_{(n)}|\mathbf{c}_{(n)})\right) =$$

$$\ln\left[\frac{1}{|\pi\sigma^2\mathbf{I}_N|}e^{-\frac{1}{\sigma^2}\left(\mathbf{y}_{(n)}^H\mathbf{y}_{(n)}+\mathbf{c}_{(n)}^H\mathbf{F}^H\mathbf{F}\mathbf{c}_{(n)}\right)}\prod_{k=1}^{N}\cosh\left(\frac{\sqrt{2}}{\sigma^2}\text{Re}\big(a_n(k)\big)\right)\cosh\left(\frac{\sqrt{2}}{\sigma^2}\text{Im}\big(a_n(k)\big)\right)\right] \tag{2.55}$$

où $a_n(k) = [\mathbf{y}_{(n)}]_k^*\mathbf{g}_k^T\mathbf{c}_{(n)}$ et $\mathbf{g}_k^T$ est le k-ème ligne de la matrice $\mathbf{F}$. Le résultat de la dérivée seconde de l'équation (2.55) par rapport à $\mathbf{c}_{(n)}$ est donné par (voir le calcul détaillé dans l'annexe F) :

$$\Delta_{\mathbf{c}_{(n)}}^{\mathbf{c}_{(n)}}\ln\left(p(\mathbf{y}_{(n)}|\mathbf{c}_{(n)})\right) = -\frac{1}{\sigma^2}\mathbf{F}^H\mathbf{F}$$

$$+\sum_{k=1}^{N}\left[\frac{1}{2\sigma^4}[\mathbf{y}_{(n)}]_k[\mathbf{y}_{(n)}]_k^*\mathbf{g}_k^*\mathbf{g}_k^T\left(2-\tanh^2\left(\frac{\sqrt{2}}{\sigma^2}\text{Re}\big(a_n(k)\big)\right)-\tanh^2\left(\frac{\sqrt{2}}{\sigma^2}\text{Im}\big(a_n(k)\big)\right)\right)\right] \tag{2.56}$$

Malheureusement, dans le cas général, l'espérance de l'équation (2.56) par rapport à $\mathbf{y}_{(n)}|\mathbf{c}_{(n)}$ n'admet pas de solution analytique évidente. Par conséquent, dans la pratique, on doit recourir à des méthodes d'intégration numérique ou à certaines approximations. Des résultats de simulation Monte-Carlo seront présentées dans la partie "simulation et discussion". Dans la suite, les propriétés asymptotiques de l'expression analytique de la BCRB sont étudiées, dans les cas de faibles et forts Rapports Signal à Bruit (RSB).

- **Asymptote à fort RSB** :

On étudie maintenant le comportement de la BCRB à fort RSB. De la définition de la MBI (2.17), seulement le premier terme dépend du RSB, qui est entièrement caractérisé par $\mathbf{J}$. On se concentre donc sur le comportement de $\mathbf{J}$. À fort RSB ($i.e., \sigma^2 \to 0$), la fonction tanh(.) intervenant dans (2.56) peut être approximée par :

$$\tanh\left(\frac{\sqrt{2}}{\sigma^2}x\right) \approx sgn(x) \tag{2.57}$$

D'ou, en utilisant cette approximation dans l'équation (2.56), on obtient l'asymptote à fort RSB de $\mathbf{J}$ qui est donnée par :

$$\mathbf{J}_h = \frac{1}{\sigma^2}\mathbf{F}^H\mathbf{F} \tag{2.58}$$

Il est intéressant de remarquer que $\mathbf{J}_h = \mathbf{J}_m$ et en conséquence l'asymptote à fort RSB de BCRB est égale à la BCRBM.

- **Asymptote à faible RSB** :

On considère maintenant l'asymptote à faible RSB de la BCRB dans le contexte NDA avec des symboles normalisés de type 4-QAM. En suivant le même raisonnement que précédemment, à faible RSB ($i.e., \sigma^2 \to +\infty$), on a $\tanh(x) \approx x$ autour de $x = 0$ (développement de Taylor à l'ordre un de $\tanh(x)$). D'où, l'équation (2.56) devient :

$$\Delta_{\mathbf{c}_{(n)}}^{\mathbf{c}_{(n)}} \ln\left(p(\mathbf{y}_{(n)}|\mathbf{c}_{(n)})\right) \approx -\frac{1}{\sigma^2}\mathbf{F}^H\mathbf{F} + \sum_{k=1}^{N}\left[\frac{1}{\sigma^8}[\mathbf{y}_{(n)}]_k[\mathbf{y}_{(n)}]_k^*\mathbf{g}_k^*\mathbf{g}_k^T\left(\sigma^4 - a_n(k)a_n^*(k)\right)\right] \tag{2.59}$$

En insérant ce résultat (2.59) dans l'équation (2.31), on obtient l'asymptote à faible RSB de $\mathbf{J}$, qui est donnée par (voir le calcul détaillé dans l'annexe G) :

$$\mathbf{J}_l = \left(\frac{\beta}{\sigma^4} + \frac{8\beta^2}{\sigma^6} + \frac{6\beta^3}{\sigma^8}\right)\mathbf{F}^H\mathbf{F} \tag{2.60}$$

où $\beta = \sum_{l=1}^{L}\sigma_{\alpha_l}^2$ est la puissance totale du canal.

La BCRB Asymptotique (BCRBA) définie dans [Bay 08b] pour un problème d'estimation de phase en modulation mono-porteuse consiste à rassembler les résultats des 2 asymptotes. Elle doit conduire à une borne inférieure sur l'erreur quadratique moyenne (EQM). Dans notre cas, cette BCRBA est donnée par :

$$\mathbf{BCRBA(c)} = \left(\text{blkdiag}\{\mathbf{J}_{min}, ..., \mathbf{J}_{min}\} + \mathbf{R}_{\mathbf{c}}^{-1}\right)^{-1} \tag{2.61}$$

avec $\mathbf{J}_{min}$ est défini par :

$$\mathbf{J}_{min} = min(v_l, v_h)\mathbf{F}^H\mathbf{F} \tag{2.62}$$

où v_l et v_h sont donnés par :

$$v_l = \frac{\beta}{\sigma^4} + \frac{8\beta^2}{\sigma^6} + \frac{6\beta^3}{\sigma^8} \tag{2.63}$$

$$v_h = \frac{1}{\sigma^2} \tag{2.64}$$

Dans l'annexe H, on montre qu'on a bien :

$$\mathbf{BCRBM(c)} \leq \mathbf{BCRBA(c)} \leq \mathbf{BCRB(c)} \tag{2.65}$$

Ceci corrobore le résultat obtenu dans [Bay 08b] pour une estimation de phase.

On remarque que le terme $\mathcal{K}_{(n)}^H\mathbf{\Omega}^{-1}\mathcal{K}_{(n)} = \frac{1}{\sigma^2}\mathbf{F}^H\mathbf{F}$ est indépendant de la séquence de données transmises $\mathbf{x}$. D'ou, la MIF définie par (2.18) et la (MIF) modifiée définie par (2.20) sont égales. Ainsi, dans le cas des gains complexes «invariants» à l'intérieur d'un symbole OFDM, la vraie BCRB en contexte DA est égale à la BCRBM en contexte NDA.

2.3.3 Simulation et discussion

Dans cette section, on met en évidence le comportement des bornes précédentes, les BCRBs, les BCRBMs et les BCRBAs pour les deux scénarios «en-ligne» et «hors-ligne» relatifs à l'estimation des gains complexes. On présente les résultats avec un système OFDM normalisé à modulation 4-QAM tel que $N = 128$ sous-porteuses et $N_g = \frac{N}{8}$ échantillons de garde. Notons que RSB $= \frac{1}{\sigma^2}$ et (RSB)$dB = (\frac{E_b}{N_0})dB + 3dB$. Le canal normalisé est de type Rayleigh avec $L = 6$ trajets dont les paramètres sont résumés dans le tableau 1.1. On considère les deux cas pour les variations temporelles du canal : gain complexe «invariant» durant un symbole OFDM avec $N_c = 1$ et $10^{-5} \leq f_d T \leq 5.10^{-3}$, et gain complexe «variant» durant un symbole OFDM avec $2 \leq N_c \leq 5$ et $0.05 \leq f_d T \leq 0.5$. Notons de nouveau que la BCRB en contexte DA est équivalente à la BCRBM en contexte NDA. Dans le cas «variant» et en contexte DA, les BCRBs sont calculées avec des séquences de données transmises générées par un générateur de séquences à longueur maximale ("Maximal-Length Sequences" : MLS) [Pete 95] de 13 registres à décalage avec une boucle de réaction de polynôme caractéristique $[20033]_8$ (représentation octale).

2.3.3.1 Gains complexes «invariants» durant un symbole OFDM

Sur la figure 2.5 sont représentées en fonction de l'indice temporel, la BCRBA «en-ligne» et la BCRBA «hors-ligne» pour plusieurs longueurs de bloc d'observations K avec $f_d T = 10^{-3}$, $N_c = 1$ et RSB $= 10dB$. Dans un contexte «hors-ligne», les meilleures performances atteignables pour l'estimation des gains complexes se situent en milieu de bloc, tandis que l'estimation est susceptible d'être la plus mauvaise à la frontière du bloc. Cela provient du fait que, dans la position centrale du vecteur des gains complexes $\boldsymbol{\alpha}$, l'estimateur tire parti de façon égale des demi-blocs d'observations précédant et suivant. Concernant maintenant l'estimation «en-ligne», au début du processus et lorsque le nombre d'observation augmente, l'estimateur prend en compte de plus en plus d'information et de ce fait l'estimation s'améliore. Ainsi la borne décroît-elle et converge vers une asymptote. Les performances de cette stratégie d'estimation se trouvent donc limitées par le bruit d'observation, indépendamment du nombre d'observation.

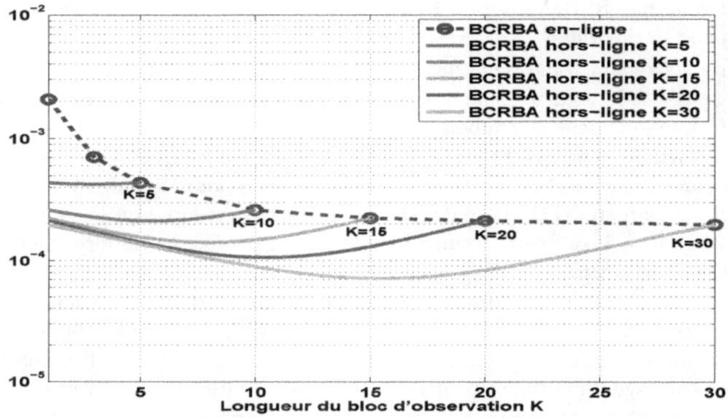

FIGURE 2.5 – BCRB en fonction du nombre d'observations K pour RSB $= 10dB$, $f_d T = 10^{-3}$ et $N_c = 1$

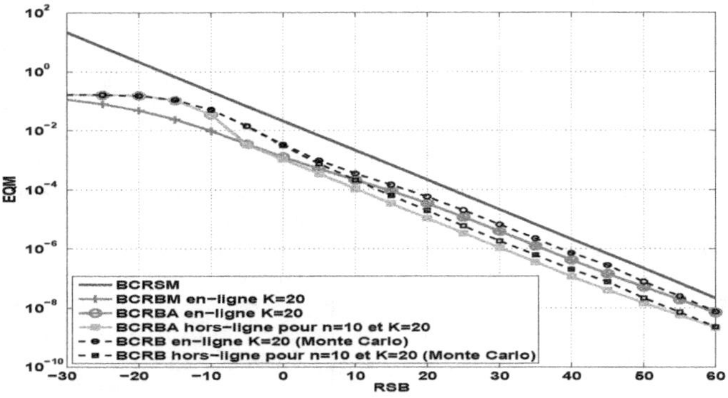

FIGURE 2.6 – BCRS et BCRB en fonction du RSB pour $f_dT = 10^{-3}$ et $N_c = 1$ ($\mathbf{J}$ est évalué sur 10^4 symboles OFDM par tirages Monte-Carlo)

On va maintenant analyser le comportement de la borne en fonction du RSB sur un bloc d'observations de longueur $K = 20$ avec $f_dT = 10^{-3}$. La figure 2.6 représente la BCRB, la BCRBA, la BCRBM et la BCRSM (BCRSM est l'inverse de la matrice $\mathbf{J}_m$, *i.e.*,l'information à priori n'est pas utilisée) obtenues d'une part pour $n = K = 20$ dans le cas «en-ligne» et pour une estimation en milieu de bloc ($n = 10$) dans le cas «hors-ligne». Pour la BCRB, $\mathbf{J}$ est évalué grâce à 10^4 symboles OFDM obtenues par tirages Monte-Carlo. Notons que la BCRBA et la BCRBM sont inférieures à la BCRSM (standard modifiée) qui ne prend pas en compte l'information à priori sur les gains complexes. On a également vérifié que $BCRBM \leq BCRBA \leq BCRB$, conformément à l'étude théorique. Cela veut dire que la BCRBA, bien plus simple à calculer, fournit une bonne approximation de la BCRB dans son domaine de validité. Notons enfin que la BCRB «hors-ligne» est généralement inférieure à la BCRB «en-ligne». Dans le cas d'un faible RSB, la borne «en-ligne» et la borne «hors-ligne» coïncident car le bruit d'observation masque l'évolution dynamique à priori des gains complexes. En revanche, lorsque le RSB augmente, la borne «hors-ligne» décroît plus vite que la borne «en-ligne» car l'information fournie par l'observation courante est suffisamment précise et devient prépondérante sur la connaissance à priori de $\boldsymbol{\alpha}$. Dans le cas d'un fort RSB, les bornes BCRBM et BCRBA sont très proches comme prévu par notre analyse théorique.

La figure 2.7 est un zoom de la figure 2.6 pour un bloc de taille $K = 20$. Elle montre également les BCRBs pour un bloc d'observations de longueur $K = 1$, *i.e.*, lorsque l'estimateur utilise uniquement le symbole d'observation courant au lieu d'utiliser le symbole courant et les symboles passés. Premièrement, en comparant les BCRBMs avec les BCRBs, on peut mesurer l'amélioration potentielle de l'estimation pour le contexte DA (BCRBM) par rapport au contexte NDA (BCRB). Deuxièmement, en comparant les bornes obtenues avec $K = 20$ et $K = 1$, on peut mesurer l'amélioration potentielle importante en utilisant les informations passées.

La figure 2.8 insiste sur ce dernier point en montrant la BCRBA en fonction du RSB pour $f_dT = 10^{-4}$ et différentes longueurs d'observations $K = 1, 5, 20$ et 60. On remarque que l'estimation peut être largement améliorée lorsque K augmente, car l'estimateur prend en compte davantage d'informations passées. Il est alors intéressant d'avoir une idée de la longueur d'observations minimale nécessaire pour espérer les meilleures performances, ce

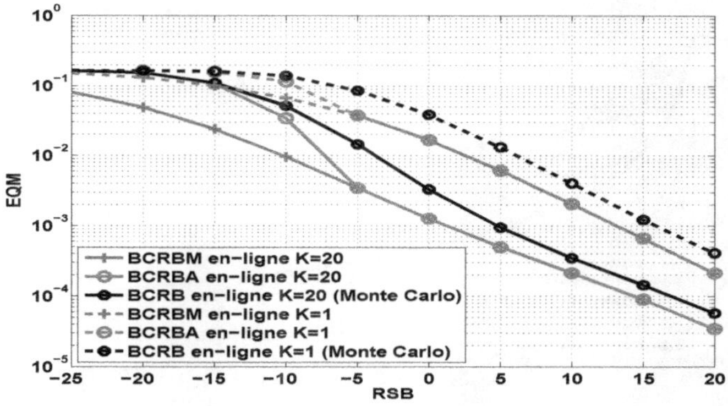

FIGURE 2.7 – BCRB en fonction du RSB pour $f_dT = 10^{-3}$ et deux différentes longueurs d'observations $K = 1$ et $K = 20$

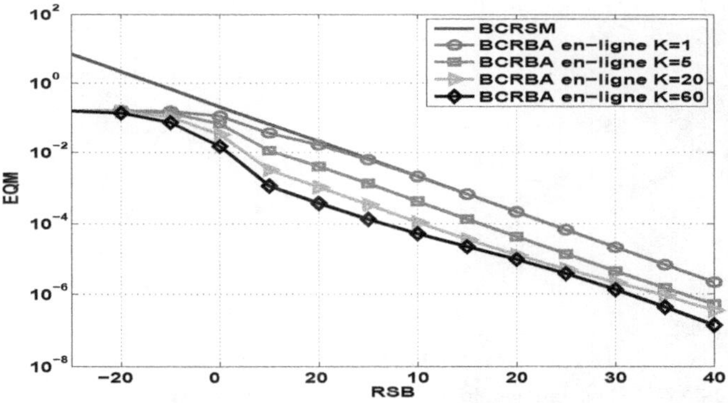

FIGURE 2.8 – BCRBA en fonction de RSB pour $f_dT = 10^{-4}$ et différents valeurs de K

qui est l'objectif de la figure 2.9.

La figure 2.9 présente la BCRBA «en-ligne» en fonction de l'indice temporel K pour RSB $= 10dB$ et différentes valeurs de f_dT. Lorsque le nombre d'observations K augmente, l'estimation peut être considérablement améliorée car l'estimateur prend également en compte les informations précédentes. La borne décroît donc et converge vers une asymptote. Notons enfin que le gain d'estimation, due à l'utilisation des symboles précédents, est naturellement plus important pour des canaux à faibles variations (faible f_dT).

2.3.3.2 Gains complexes «variants» durant un symbole OFDM

La figure 2.10 représente les BCRBM «en-ligne» et«hors-ligne» en fonction de l'indice temporel, pour plusieurs longueurs de bloc d'observations K avec $f_dT = 0.1$, $N_c = 2$ et RSB $= 10dB$. Concernant le contexte «hors-ligne», on remarque de manière générale qu'on a le même type de résultats que dans le cas des gains complexes invariants durant

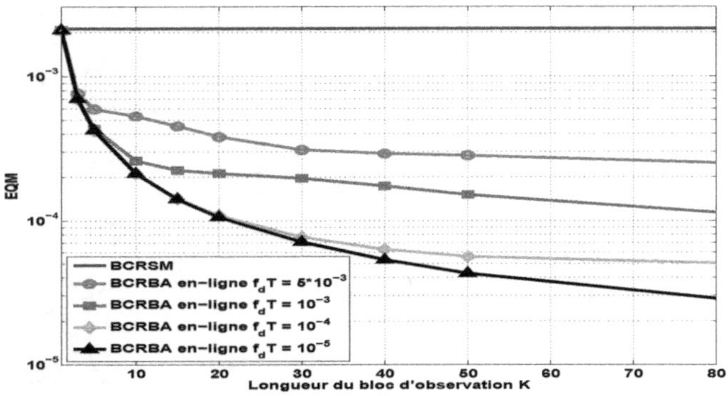

FIGURE 2.9 – BCRB en fonction de K pour RSB $= 10dB$ et différentes valeurs de f_dT

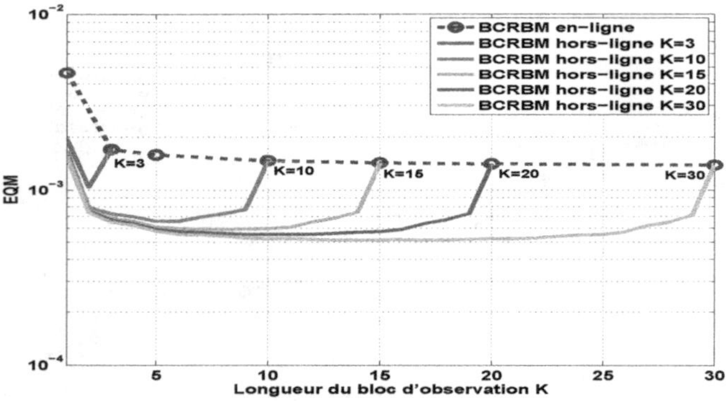

FIGURE 2.10 – BCRB en fonction du nombre d'observations K pour RSB $= 10dB$, $f_dT = 0.1$ et $N_c = 2$

un symbole OFDM. C'est à dire que les meilleures performances d'estimation des gains complexes sont atteintes en milieu de bloc, tandis que l'estimation à la frontière du bloc est la plus mauvaise. De même dans le contexte «en-ligne», lorsque le nombre d'observation augmente, l'estimateur prend en compte plus d'informations et de ce fait l'estimation peut être améliorée. Ainsi la borne décroît et converge vers une asymptote, due au bruit d'observation. Cependant, afin d'atteindre l'asymptote, il suffit d'utiliser seulement les 3 symboles OFDM précédents pour un canal à grande variation ($f_dT = 0.1$), alors que 10 symboles OFDM précédents étaient nécessaires pour un canal à faible variation ($f_dT = 0.001$).

On présente maintenant, sur la figure 2.11, la BCRB (DA) en fonction du RSB pour des blocs d'observations de longueur $K = 10$ et $K = 1$, avec $f_dT = 0.1$ et $N_c = 2$. Notons que la borne Bayesienne BCRB est inférieure à la borne standard BCRS car l'information à priori sur la loi des coefficients des polynômes est prise en compte dans la première. En comparant les bornes obtenues avec $K = 20$ et $K = 1$, on peut mesurer le gain potentiel

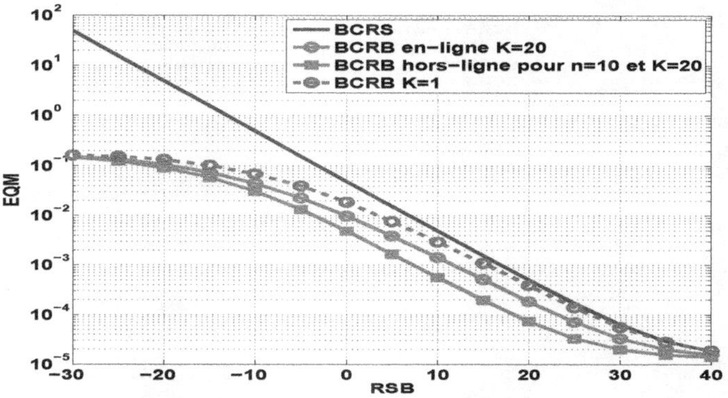

FIGURE 2.11 – BCRS et BCRB en fonction du RSB pour $f_dT = 0.1$ et $N_c = 2$

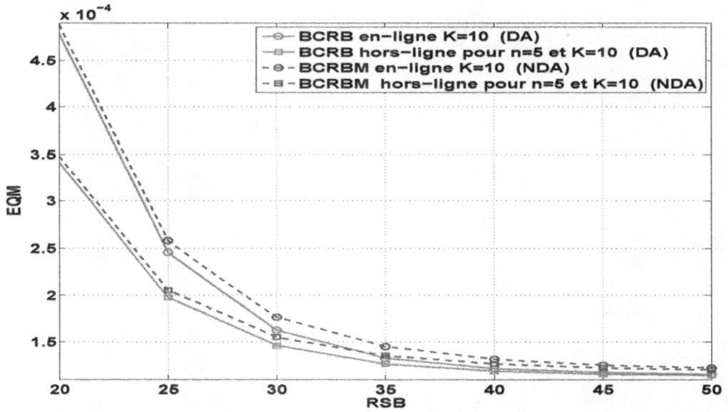

FIGURE 2.12 – BCRS et BCRB en fonction du RSB pour $f_dT = 0.4$ et $N_c = 3$

important obtenu en utilisant les informations passées. Notons encore que la BCRB «hors-ligne» est généralement inférieure à la BCRB «en-ligne», et qu'elles coïncident dans le cas d'un faible RSB. Cependant, lorsque le RSB augmente, la borne «hors-ligne» diminue plus que la borne «en-ligne» car l'information fournie par l'observation courante $\mathbf{y}_{(n)}$ devient plus précise et prépondérante sur la connaissance à priori de $\mathbf{c}$.

Pour des gains complexes «variants» durant un symbole OFDM et un contexte NDA, on ne peut pas évaluer la vraie BCRB même par tirages Monte-Carlo. Ainsi, on peut seulement comparer une borne inférieure à la BCRB en contexte NDA, la BCRBM, à la vraie BCRB en contexte DA comme illustré sur la figure 2.12. On peut donc tout de même mesurer le potentiel d'amélioration des performances pour le contexte DA (BCRB) par rapport au contexte NDA (BCRBM).

On va maintenant étudier le comportement de la BCRB en contexte DA pour différentes séquences de données. La figure 2.13 donne la BCRB (DA) en fonction du RSB pour $f_dT = 0.3$ et $N_c = 3$. On peut observer qu'il y a de mauvaises séquences (période ∞, *i.e.*, tous les bits sont égaux) et de bonnes séquences (MLS avec 13 registres à décalage).

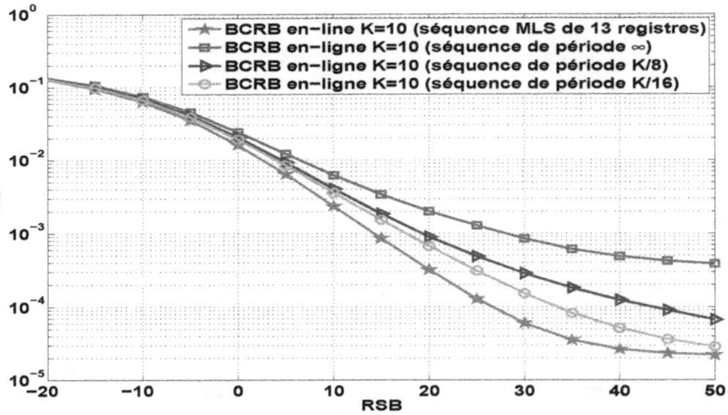

FIGURE 2.13 – BCRB en fonction du RSB pour $f_dT = 0.3$ et $N_c = 3$

f_dT \ RSB(dB)	0	22	29	38	40
0.05	$N_c = 2$	$N_c = 2$	$N_c = 2$	$N_c = 2$	
0.1	$N_c = 3$	$N_c = 3$	$N_c = 3$	$N_c = 3$	
0.2	$N_c = 3$	$N_c = 3$	$N_c = 3$	$N_c = 4$	
0.3	$N_c = 3$	$N_c = 3$	$N_c = 4$	$N_c = 4$	
0.4	$N_c = 3$	$N_c = 4$	$N_c = 4$	$N_c = 4$	

TABLE 2.1 – Le minimum de la BCRB(α) pour un canal GSM défini par le tableau 1.1

On a constaté par expérimentation que les séquences avec de bonnes fonctions d'autocorrélations déterministes (*i.e*, proche d'un Dirac, comme par exemple les séquences de type MLS) amènent à de bonnes performances. Dans ce cas, les bornes sont très similaires. C'est pourquoi on ne donne seulement qu'un exemple de ces séquences (séquence MLS de 13 registres à décalage). Cependant, si on utilise des séquences avec de mauvaises fonctions d'autocorrélations déterministes, comme par exemple les séquences de Walsh-Hadamard (de période K/8 : bit = $'0'$ durant K.T/16 et bit = $'1'$ durant K.T/16), alors les performances sont dégradées, comme on le voit sur cette figure.

On va maintenant étudier le comportement de la borne en fonction de N_c et du RSB sur un bloc d'observations de longueur $K = 10$. La figure 2.14 donne la BCRBM, pour un fort étalement Doppler $f_dT = 0.5$, en fonction du RSB en (a) et de N_c en (b). On observe d'après (a) que, selon la valeur du RSB, la borne ne décroît pas toujours en fonction de N_c. En plus, à fort RSB, la borne converge vers une asymptote qui est l'erreur du modèle MMSE (voir l'équation (2.49)). Comme montré en (b), pour RSB = $15dB$, 25dB et 35dB, le minimum de la borne est obtenu respectivement en utilisant un polynôme de $N_c = 3$, 4 et 5 coefficients. Cela est dû aux derniers coefficients qui seront mal estimés en

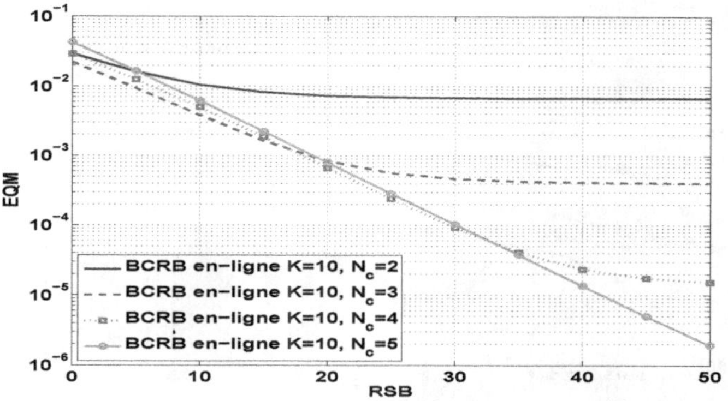

(a)

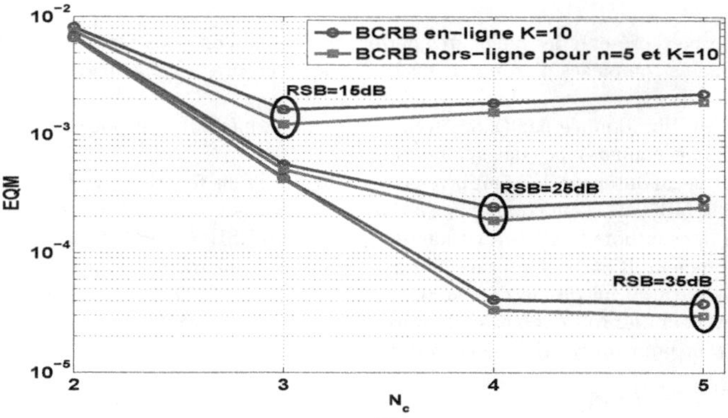

(b)

FIGURE 2.14 – (a) BCRB en fonction de RSB pour $f_dT = 0.5$ et $N_c = 2$ à 5 ; (b) BCRB en fonction de N_c pour $f_dT = 0.5$ et RSB = 15dB, 25dB et 35dB

présence de bruit. En effet, nous avions vu dans la figure 2.4 qu'ils étaient négligeables par rapport au niveau de bruit. Par conséquent, afin d'avoir une bonne estimation des variations temporelles des gains complexes en passant par une approximation polynomiale, on peut optimiser le nombre de coefficients du polynôme en fonction du RSB et de f_dT. Cette optimisation donne le meilleur compromis pour limiter les contributions de l'erreur de modélisation et du bruit d'observation. Le tableau 2.1 montre comment choisir N_c, pour des valeurs réalistes du RSB et différentes valeurs de f_dT, afin que la borne soit minimale. Par exemple si $f_dT = 0.3$, on choisit respectivement $N_c = 3$ et 4 pour RSB $\in [0; 29]$ et RSB $\in [29; 40]$. On peut par conséquent introduire une nouvelle BCRB (NBCRB), qui est indépendante de N_c, définie comme suit :

$$\mathbf{NBCRB}(\boldsymbol{\alpha}) = \min_{N_c}\Big(\mathbf{BCRB}(\boldsymbol{\alpha})\Big) \tag{2.66}$$

avec $\min_{N_c}(\cdot)$ est le minimum par rapport à N_c.

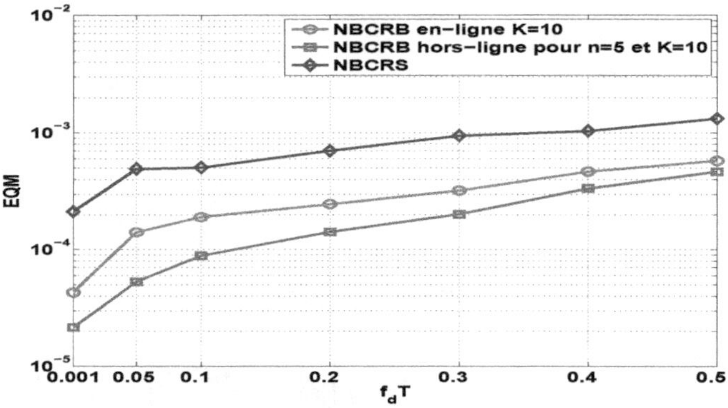

FIGURE 2.15 – NBCRB en fonction de $f_d T$ pour RSB = 20dB

Cette borne représente les meilleures performances que l'on peut espérer obtenir pour estimer les gains complexes d'un processus de Rayleigh en passant par une approximation polynomiale [3].

Cette définition donnée par (2.66) sera utilisée de la même façon pour la BCRBA et la BCRBM sans connaissance des symboles OFDM (NDA).

On analyse maintenant le comportement de la borne en fonction de $f_d T$. La figure 2.15 donne la NBCRB (gain complexe «variant» et «invariant» à l'intérieur d'un symbole OFDM) en-ligne et hors-ligne en fonction de $f_d T$ pour un RSB $= 20dB$ et un bloc d'observation de longueur $K = 10$. On remarque que la borne augmente en termes de $f_d T$. Ceci est bien sûr naturel puisque la dépendance entre les variables devient plus faible quand $f_d T$ augmente, et on profite moins de l'information à priori. Ainsi, le gain d'estimation est plus important pour un canal à faible variation.

2.4 Conclusion

Dans ce chapitre, nous avons développé une approximation à base de polynôme pour l'évolution des gains complexes d'un canal de Rayleigh. Cela a permis entre-autre de mesurer le nombre de coefficients nécessaires à une bonne modélisation polynomiale, en fonction de la vitesse d'évolution du canal. Nous avons vu par exemple que malgré un très fort étalement Doppler de $f_d.T = 0.5$, l'erreur de modélisation restait faible en utilisant seulement $N_c = 3$ coefficients pour le polynôme modélisant la variation du gain à l'intérieur d'un symbole OFDM. Également nous avons pu repérer les étalements Doppler pour lesquels l'hypothèse d'un canal invariant durant le symbole OFDM était valide, et mesurer sinon les erreurs commises avec de telles hypothèses. Toutes ces informations seront des éléments précieux pour la mise au point des algorithmes qui feront l'objet des chapitres suivants. Nous avons aussi présenté une étude théorique sur les Bornes de Cramér-Rao Bayesiennes (BCRBs) pour l'estimation des gains complexes de type Rayleigh avec un spectre de Jakes dans un système OFDM, en supposant les délais des trajets connus. A

3. Bien que non démontré, nous pensons aussi que la NBCRB est proche de la BCRB d'estimation des gains complexes d'un processus de Rayleigh sans présupposer d'étapes dans l'estimation (comme le passage par un polynôme)

notre connaissance, cette étude n'avait pas été faite dans la littérature. Elle a consisté à appliquer des méthodes connues de calcul de bornes à notre problème spécifique. On a ainsi fourni des expressions de la BCRB pour les deux différents scénarios de variations temporelles du canal : gain complexe «variant» [?] [Hija 09a] et «invariant» [Hija 08b] [Hija 09b] à l'intérieur d'un symbole OFDM. Dans le cas d'un gain complexe variant durant un symbole OFDM, nous avons proposé une nouvelle BCRB (NBCRB) qui nous donnera un repère pour qualifier la qualité de nos algorithmes. Nous avons démontré qu'une bonne estimation des variations temporelles des gains complexes peut être obtenue en choisissant le nombre de coefficients de la modélisation polynomiale selon le niveau de bruit et l'étalement Doppler. Ces bornes sont utiles pour analyser la performance des estimateurs des gains complexes pour les scénarios «en-ligne» et «hors-ligne» et, avec et sans connaissance des symboles OFDM (DA :data-aided et NDA :non-data-aided). En outre, nous avons montré l'intérêt (et chiffrer le gain potentiel) d'utiliser les symboles OFDM précédents dans le processus d'estimation du canal, alors qu'il faut bien noter que la plupart des méthodes de la littérature utilisent seulement le symbole courant. Dans le chapitre suivant, nous allons proposer les premiers algorithmes pour estimer les variations temporelles des gains complexes et supprimer les interférences entre sous-porteuses.

Chapitre 3

Algorithmes Basés sur les Valeurs Moyennes

Sommaire

3.1 Introduction **68**
3.2 Modèle des pilotes et sous-porteuses pilotes reçues **68**
3.3 Estimation des valeurs moyennes des gains complexes **70**
3.4 Méthode de suppression successive des interférences (SSI) . . **71**
3.5 Algo. 1 : interpolation passe-bas à partir des valeurs moyennes **71**
3.5.1 Motivation 71
3.5.2 Algorithme itératif 74
3.5.3 Analyse de l'erreur quadratique moyenne (EQM) 76
3.5.3.1 EQM de l'estimateur des valeurs moyennes $\boldsymbol{a}_{(n)}$ 76
3.5.3.2 EQM globale de l'estimateur des gains complexes $\alpha_l^{(n)}(qT_s)$ 80
3.5.4 Simulation 81
3.5.5 Conclusion 83
3.6 Algo. 2 : approximation polynomiale à partir des valeurs moyennes 84
3.6.1 Motivation 84
3.6.2 Estimation des coefficients du polynôme 87
3.6.3 Algorithme itératif 87
3.6.4 Complexité de l'algorithme 89
3.6.5 Analyse de l'erreur quadratique moyenne (EQM) 89
3.6.6 Simulation 91
3.6.7 Conclusion 96
3.7 Conclusion et perspectives **97**

3.1 Introduction

La modulation OFDM est mise en avant dans la plupart des systèmes de communications sans fil, car très robuste à la sélectivité en fréquence des canaux de propagations à trajets multiples. Les algorithmes d'estimation de canal classiques ou conventionnels estiment le canal aux fréquences des différentes sous-porteuses pilotes en utilisant le critère LS ou LMMSE [Hsie 98], et font une interpolation fréquentielle pour obtenir la réponse du canal [Cole 02] [Zhao 97]. Les normes sont généralement construites pour qu'avec des vitesses faibles ou typiques des mobiles, l'hypothèse d'un canal fixe durant un symbole soit à peu près vérifiée. Cependant, avec des vitesses un peu plus importantes (mais toutefois réalistes), le canal peut avoir des variations temporelles à l'intérieur d'un symbole OFDM. L'orthogonalité entre les sous-porteuses est alors brisée, ce qui entraîne de l'Interférence Entre sous-Porteuses (IEP), et de fortes dégradations des performances d'estimation du canal et de détection des symboles. On s'intéresse à ce problème, en considérant ici que le canal n'est plus constant mais que ces variations sont tout de même modérées à l'intérieur d'un symbole OFDM. On sort donc du cas idéal d'utilisation de la modulation OFDM, mais sans toutefois en être trop éloigné. On cherche alors des algorithmes qui ne soient pas trop complexes par rapport aux algorithmes conventionnels.

Les deux algorithmes proposés dans ce chapitre sont basés sur un modèle paramétrique du canal et des symboles pilotes de type peigne ("comb-type pilots"). Ils consistent d'abord à estimer les valeurs moyennes des gains complexes des trajets sur chaque symbole OFDM, en exploitant la non-variation des retards des trajets sur plusieurs symboles OFDM. On suppose les retards connus, mais ils peuvent en réalité être estimés avec une très grande précision par la technique ESPRIT [Roy 89], comme montré dans [Yang 01]. Après cela, les variations temporelles des gains complexes des trajets à l'intérieur d'un symbole OFDM sont obtenues par "interpolation" des valeurs moyennes des gains obtenues sur les symboles successifs. Cela permet ensuite de calculer la matrice du canal et de procéder à une suppression successive des interférences (SSI). Une amélioration des performances de l'algorithme est réalisée par un procédé itératif entre les procédures d'estimation de canal et de soustraction d'interférence. La différence entre les deux algorithmes présentés réside principalement dans la méthode d' "interpolation" et dans la formation de la matrice du canal qui en découle. Le premier algorithme utilise une interpolation classique de type passe-bas, le deuxième algorithme est basé sur une estimation polynomiale de l'évolution des gains sur plusieurs symboles successifs, obtenue à partir des moyennes estimées. Pour chacun des algorithmes, nous avons proposé une analyse des performances d'estimation en terme d'erreur quadratique moyenne (EQM), de manière théorique et en simulation, avec comparaison à la Borne de Cramer-Rao (BCR). Nous allons voir que ces algorithmes permettent une amélioration significative des performances par rapport aux méthodes conventionnelles dès lors que le canal a des variations non négligeables à l'échelle d'un temps symbole OFDM.

3.2 Modèle des pilotes et sous-porteuses pilotes reçues

Dans cette section, on présente la modèle de distribution des symboles pilotes contenus dans un bloc temps-fréquence. On donne également l'expression des composantes qui correspondent à l'emplacement des sous-porteuses pilotes à la réception.

Un système OFDM comprenant N sous-porteuses et un préfixe cyclique de longueur N_g, est décrit par (1.44) :

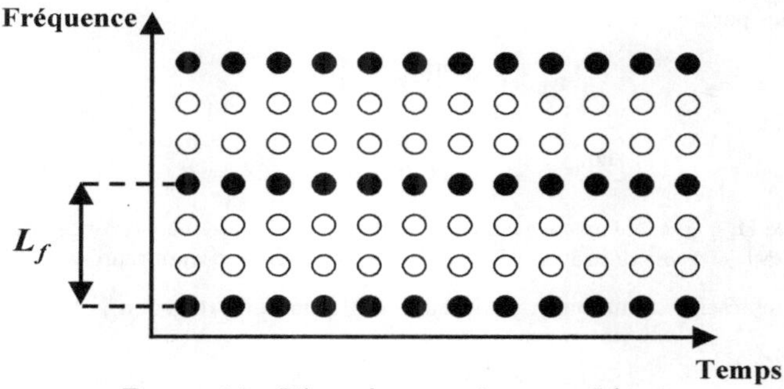

FIGURE 3.1 – Pilotes de type peigne avec $Lf = 3$

$$\mathbf{y}_{(n)} = \mathbf{H}_{(n)}\,\mathbf{x}_{(n)} + \mathbf{w}_{(n)} \tag{3.1}$$

$$\left[\mathbf{H}_{(n)}\right]_{k,m} = \frac{1}{N}\sum_{l=1}^{L}\left[e^{-j2\pi(\frac{m-1}{N}-\frac{1}{2})\tau_l}\sum_{q=0}^{N-1}\alpha_l^{(n)}(qT_s)e^{j2\pi\frac{m-k}{N}q}\right] \tag{3.2}$$

Les N_p symboles pilotes de type peigne sont fixés lors de la transmission et régulièrement espacées entre les symboles de donnée comme illustré dans la figure 3.1, avec L_f la distance en terme de nombre de sous-porteuses entre deux symboles pilotes consécutifs dans le domaine fréquentiel. L_f peut être choisi sans la nécessité de respecter le théorème d'échantillonnage dans le domaine fréquentiel, par opposition aux méthodes proposées dans [Yang 01] [Cole 02]. Par contre, comme on verra dans les équations (3.15) et (3.16), N_p devra répondre à la condition suivante : $N_p \geq L$.

Soit $\mathcal{P}$ l'ensemble qui contient les indices de positions des sous-porteuses pilotes, défini par :

$$\mathcal{P} = \{p_s \mid p_s = (s-1)L_f + 1,\ s = 1, ..., N_p\} \tag{3.3}$$

Les sous-porteuses pilotes reçues peuvent donc être écrites comme la somme de trois composantes :

$$\mathbf{y}_{\mathbf{p}_{(n)}} = \mathrm{diag}\{\mathbf{x}_\mathbf{p}\}\mathbf{h}_{\mathbf{p}_{(n)}} + \mathbf{H}_{\mathbf{p}_{(n)}}\mathbf{x}_{(n)} + \mathbf{w}_{\mathbf{p}_{(n)}} \tag{3.4}$$

où $\mathbf{x}_\mathbf{p}$ (*i.e*, les pilotes sont les mêmes sur tous les symboles OFDM), $\mathbf{y}_{\mathbf{p}_{(n)}}$ et $\mathbf{w}_{\mathbf{p}_{(n)}}$ sont des vecteurs de tailles $N_p \times 1$ donnés par :

$$\mathbf{x}_\mathbf{p} = \left[[\mathbf{x}_{(n)}]_{p_1}, [\mathbf{x}_{(n)}]_{p_2}, ..., [\mathbf{x}_{(n)}]_{p_{N_p}}\right]^T \tag{3.5}$$

$$\mathbf{y}_{\mathbf{p}_{(n)}} = \left[[\mathbf{y}_{(n)}]_{p_1}, [\mathbf{y}_{(n)}]_{p_2}, ..., [\mathbf{y}_{(n)}]_{p_{N_p}}\right]^T \tag{3.6}$$

$$\mathbf{w}_{\mathbf{p}_{(n)}} = \left[[\mathbf{w}_{(n)}]_{p_1}, [\mathbf{w}_{(n)}]_{p_2}, ..., [\mathbf{w}_{(n)}]_{p_{N_p}}\right]^T \tag{3.7}$$

$\mathbf{h}_\mathbf{p}$ est un vecteur de taille $N_p \times 1$ et $\mathbf{H}_\mathbf{p}$ est une matrice de taille $N_p \times N$ dont les éléments sont donnés par :

$$[\mathbf{h}_{\mathbf{p}_{(n)}}]_k = [\mathbf{H}_{(n)}]_{p_k,p_k} \tag{3.8}$$

$$\left[\mathbf{H}_{\mathbf{p}_{(n)}}\right]_{k,m} = \begin{cases} [\mathbf{H}_{(n)}]_{p_k,m} & \text{if } m \neq p_k \\ 0 & \text{if } m = p_k \end{cases} \tag{3.9}$$

Notons que $\mathbf{H}_{\mathbf{p}_{(n)}}$ est une matrice nulle sur la diagonale. La première composante de l'équation (3.4) est le terme désiré sans IEP et la deuxième composante représente l'IEP. $\mathbf{h}_{\mathbf{p}_{(n)}}$ peut être représenté comme une transformation de Fourier du vecteur $\boldsymbol{a}_{(n)} = \left[\overline{\alpha}_1^{(n)}, ..., \overline{\alpha}_L^{(n)}\right]^T$:

$$\mathbf{h}_{\mathbf{p}_{(n)}} = \mathbf{F}_{\mathbf{p}}\boldsymbol{a}_{(n)} \tag{3.10}$$

où $\mathbf{F}_{\mathbf{p}}$ est une matrice de transformation de Fourier de taille $N_p \times L$ et $\boldsymbol{a}_{(n)}$ est un vecteur de taille $L \times 1$ dont les éléments sont donnés par :

$$[\mathbf{F}_{\mathbf{p}}]_{k,m} = [\mathbf{F}]_{p_k,m} \tag{3.11}$$

$$[\boldsymbol{a}_{(n)}]_l = \overline{\alpha}_l^{(n)} = \frac{1}{N}\sum_{q=0}^{N-1} \alpha_l^{(n)}(qT_s) \tag{3.12}$$

où $\mathbf{F}$ est la matrice de transformation de Fourier de taille $N \times L$ donnée par (1.30) et $\alpha_l^{(n)}(qT_s) = \alpha_l(qT_s + nT)$. Notons que $\overline{\alpha}_l^{(n)}$ est la moyenne temporelle sur la durée effective du n-ème symbole OFDM du l-ème gain complexe.

3.3 Estimation des valeurs moyennes des gains complexes

Les valeurs moyennes des gains complexes $\boldsymbol{a}_{(n)} = \left[\overline{\alpha}_1^{(n)}, ..., \overline{\alpha}_L^{(n)}\right]^T$ sont estimés sur chaque symbole OFDM en utilisant le critère LS. En négligeant la contribution de l'IEP, l'estimateur LS de $\boldsymbol{a}$ (en oubliant l'indice de temps (n)), connaissant $\mathbf{y}_{\mathbf{p}}$ et $\mathbf{x}_{\mathbf{p}}$, consiste à minimiser l'expression suivante (Erreur Quadratique) :

$$\text{EQ}(\boldsymbol{a}) = \left(\mathbf{y}_{\mathbf{p}} - \text{diag}\{\mathbf{x}_{\mathbf{p}}\}\mathbf{F}_{\mathbf{p}}\boldsymbol{a}\right)^H \left(\mathbf{y}_{\mathbf{p}} - \text{diag}\{\mathbf{x}_{\mathbf{p}}\}\mathbf{F}_{\mathbf{p}}\boldsymbol{a}\right) \tag{3.13}$$

En dérivant $\text{EQ}(\boldsymbol{a})$ par rapport à $\boldsymbol{a}$, on aura :

$$\nabla_{\boldsymbol{a}}\text{EQ}(\boldsymbol{a}) = \left(\boldsymbol{a}^H\mathbf{F}_{\mathbf{p}}^H\text{diag}\{\mathbf{x}_{\mathbf{p}}^H\}\text{diag}\{\mathbf{x}_{\mathbf{p}}\}\mathbf{F}_{\mathbf{p}} - \mathbf{y}_{\mathbf{p}}^H\text{diag}\{\mathbf{x}_{\mathbf{p}}\}\mathbf{F}_{\mathbf{p}}\right)^T \tag{3.14}$$

Ainsi l'estimateur LS de $\boldsymbol{a}$ est celui qui annule cette dérivée, on aura donc :

$$\boldsymbol{a}_{\mathbf{LS}} = \mathbf{G}\mathbf{y}_{\mathbf{p}} \tag{3.15}$$

$$\mathbf{G} = \left(\mathbf{F}_{\mathbf{p}}^H\text{diag}\{\mathbf{x}_{\mathbf{p}}\}^H\text{diag}\{\mathbf{x}_{\mathbf{p}}\}\mathbf{F}_{\mathbf{p}}\right)^{-1}\mathbf{F}_{\mathbf{p}}^H\text{diag}\{\mathbf{x}_{\mathbf{p}}\}^H \tag{3.16}$$

où $\mathbf{G}$ est une matrice de taille $L \times N_p$. Cette matrice dépend des retards des trajets et des symboles pilotes. Il est important de noter que cette matrice n'existe que si $N_p \geq L$. Comme les retards sont quasi-invariants sur plusieurs symboles OFDM et les symboles pilotes sont considérés fixes durant la transmission, alors il suffit de calculer une seule fois la matrice $\mathbf{G}$ pour un bloc de symboles OFDM.

3.4 Méthode de suppression successive des interférences (SSI)

En oubliant l'indice de temps (n), les symboles de données reçus (après la démodulation par TFD), sans la contribution des symboles pilotes, sont donnés par :

$$\mathbf{y_d} = \mathbf{H_d x_d} + \mathbf{w_d} \tag{3.17}$$

où $\mathbf{x_d}$ contient les symboles de donnée transmis, $\mathbf{y_d}$ contient les symboles de donnée reçus et $\mathbf{w_d}$ contient le bruit sur les sous-porteuses de donnée, représentés par des vecteurs de taille $(N - N_p) \times 1$. Et $\mathbf{H_d}$ est une matrice de taille $(N - N_p) \times (N - N_p)$ obtenue en éliminant les lignes et les colonnes aux positions $\mathcal{P}$ de la matrice du canal $\mathbf{H}$.

Les symboles de données sont estimés en utilisant la méthode de suppression successive des interférence (SSI) et un égaliseur fréquentiel simple à un seul coefficient par sous-porteuse. Cette méthode a été développée dans [Choi 01]. L'ordre utilisé pour la SSI (ordre de la matrice du canal de données $\mathbf{H_d}$) est obtenu à partir du module des éléments de la diagonale, en les classant du plus grand au plus petit, ce qui donne :

$$\mathcal{O} = \left\{ O_1,\ O_2,\ ...,\ O_{N-N_p} \mid i < j \text{ si } \| [\mathbf{H_d}]_{O_i,O_i} \| > \| [\mathbf{H_d}]_{O_j,O_j} \| \right\}$$

La méthode de détection peut maintenant être décrite comme suit :

<u>*initialisation*</u> :

$$i \leftarrow 1$$

$$\mathcal{O} = \left\{ O_1,\ O_2,\ ...,\ O_{N-N_p} \right\}$$

$$\mathbf{y_{d_{(i)}}} = \mathbf{y_d}$$

<u>*récursion*</u> :

$$[\mathbf{x_{ed}}]_{O_i} = \frac{[\mathbf{y_{d_{(i)}}}]_{O_i}}{[\mathbf{H_d}]_{O_i,O_i}}$$

$$[\mathbf{\hat{x}_d}]_{O_i} = \mathcal{O}(\, [\mathbf{x_{ed}}]_{O_i}\,)$$

$$\mathbf{y_{d_{(i+1)}}} = \mathbf{y_{d_{(i)}}} - [\mathbf{\hat{x}_d}]_{O_i}\, \mathbf{h_{d_{O_i}}}$$

$$i \leftarrow i + 1$$

avec $\mathcal{O}(.)$ est une opération de décision convenant à la constellation utilisée et $\mathbf{h_{d_{O_i}}}$ est la O_i-ème colonne de la matrice du canal de données $\mathbf{H_d}$. En résumé, la méthode SIS consiste donc à estimer et à reconstruire les symboles de données afin de réduire l'interférence et avoir une bonne estimation des symboles de données.

3.5 Algo. 1 : interpolation passe-bas à partir des valeurs moyennes

3.5.1 Motivation

Dans ce premier algorithme (décrit en détail à la sous-section suivante) les variations temporelles des gains complexes des trajets à l'intérieur d'un symbole OFDM sont obtenues par interpolation temporelle d'une séquence de valeurs moyennes estimés successives, chaque valeur moyenne étant obtenue sur une durée symbole OFDM comme décrit dans la section 3.3. L'interpolation de type passe-bas est très naturelle lorsqu'on dispose des valeurs échantillonnées (éventuellement bruitées) d'un processus, au pas d'échantillonnage T. Bien que dans notre cas nous ne disposions que des valeurs moyennes (bruitées), nous allons vérifier la validité de la démarche pour les vitesses visées.

Pour cela, nous allons montrer dans cette section que, pour un bloc $\{\alpha_l^{(n)}(qT_s),\ q = 0, ..., N-1\}$ de N échantillons au pas T_s de gain complexe Gaussien avec un spectre de Jakes de fréquence f_d, on a les deux propriétés suivantes :

- L'échantillon du gain complexe pris au milieu de la durée effective d'un symbole OFDM, $\alpha_l^{(n)}(\frac{N}{2}T_s)$, est le plus proche de la moyenne temporelle sur la durée effective du gain complexe, $\overline{\alpha}_l^{(n)}$, définie par (3.12).
- L'erreur quadratique moyenne (EQM) entre les valeurs moyennes exactes $\boldsymbol{a}_{(n)} = \left[\overline{\alpha}_1^{(n)}, ..., \overline{\alpha}_L^{(n)}\right]^T$ et les valeurs centrales exactes $\boldsymbol{\alpha_{c(n)}} = \left[\alpha_1^{(n)}(\frac{N}{2}T_s), ..., \alpha_L^{(n)}(\frac{N}{2}T_s)\right]^T$, pour les L différents gains complexes, est donnée par :

$$\begin{aligned} \text{EQM}_2 &= \text{E}\left[(\boldsymbol{a}_{(n)} - \boldsymbol{\alpha_{c(n)}})^H(\boldsymbol{a}_{(n)} - \boldsymbol{\alpha_{c(n)}})\right] \\ &= \sum_{l=1}^{L}\sigma_{\alpha_l}^2\left(\frac{1}{N^2}\sum_{q_1=0}^{N-1}\sum_{q_2=0}^{N-1}J_0\Big(2\pi f_d T_s(q_1-q_2)\Big)-\frac{2}{N}\sum_{q=0}^{N-1}J_0\Big(2\pi f_d T_s(q-\frac{N}{2})\Big)+1\right) \end{aligned} \tag{3.18}$$

En effet, en oubliant l'indice de temps (n), soit $\boldsymbol{\alpha_d} = \left[\alpha_1(dT_s), ..., \alpha_L(dT_s)\right]^T$ un vecteur d'échantillons de gain complexe prélevés aux instants $d \in [0, N-1]$ pendant la durée effective d'un symbole OFDM. L'EQM entre $\boldsymbol{a}$ et $\boldsymbol{\alpha_d}$ est définie par :

$$\begin{aligned} \text{EQM}[d] &= \text{E}\left[(\boldsymbol{a} - \boldsymbol{\alpha_d})^H(\boldsymbol{a} - \boldsymbol{\alpha_d})\right] \\ &= \sum_{l=1}^{L}\text{E}\Big[\overline{\alpha}_l\ \overline{\alpha}_l^* - \overline{\alpha}_l\alpha_l^*(dT_s) - \alpha_l(dT_s)\overline{\alpha}_l^* + \alpha_l(dT_s)\alpha_l^*(dT_s)\Big] \end{aligned} \tag{3.19}$$

Comme $\alpha_l(t)$ est un processus complexe Gaussien à bande étroite, stationnaire au sens large (WSS), avec un spectre de Jakes [Jake 83], on a donc :

$$\text{E}\Big[\alpha_l(q_1T_s)\alpha_l^*(q_2T_s)\Big] = \sigma_{\alpha_l}^2 J_0\Big(2\pi f_d T_s(q_1-q_2)\Big) \tag{3.20}$$

En utilisant le résultat de (3.20), on peut calculer EQM$[d]$ comme suit :

$$\text{EQM}[d] = \sum_{l=1}^{L}\sigma_{\alpha_l}^2\left(\frac{1}{N^2}\sum_{q_1=0}^{N-1}\sum_{q_2=0}^{N-1}J_0\Big(2\pi f_d T_s(q_1-q_2)\Big)-\frac{2}{N}\sum_{q=0}^{N-1}J_0\Big(2\pi f_d T_s(q-d)\Big)+1\right) \tag{3.21}$$

Pour trouver le plus proche $\boldsymbol{a}$ de $\boldsymbol{\alpha_d}$, il faut trouver d_{min} qui minimise EQM$[d]$. En utilisant la formule de dérivation de la fonction de Bessel définie par :

$$J_0'(t) = -J_1(t) \tag{3.22}$$

où $J_1(.)$ est la fonction de Bessel de première espèce d'ordre 1, on peut calculer la dérivée

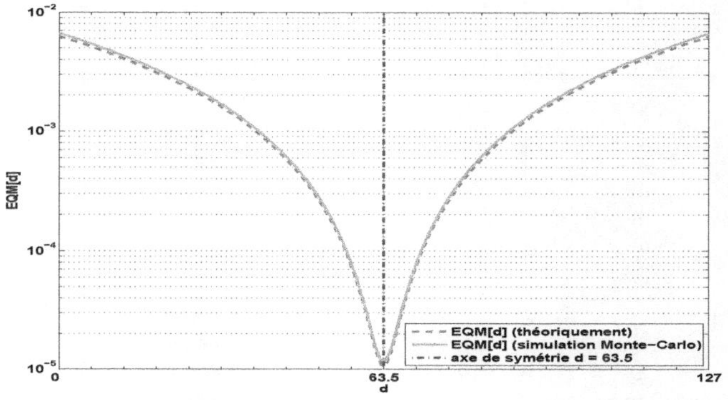

FIGURE 3.2 – EQM[d] avec $N = 128$ et $f_dT = 0.1$

de EQM[d] par rapport à d comme :

$$\begin{aligned} \mathrm{EQM}'[d] &= -\frac{4\pi f_d T_s}{N} \sum_{l=1}^{L} \sigma_{\alpha_l}^2 \sum_{q=0}^{N-1} J_1\Big(2\pi f_d T_s(q-d)\Big) \\ &= -\frac{4\pi f_d T_s}{N} \sum_{l=1}^{L} \sigma_{\alpha_l}^2 \sum_{u=-d}^{N-1-d} J_1\Big(2\pi f_d T_s u\Big) \end{aligned} \quad (3.23)$$

Comme la fonction $J_1(t)$ est une fonction impaire, la solution de l'équation $\mathrm{EQM}'[d] = 0$ est obtenue lorsque l'intervalle $[-d, N-1-d]$ de l'indice u dans (3.23) est centrée en zéro. Ainsi on aura $d = \frac{N}{2} - \frac{1}{2}$ (nombre non entier). En vérifiant qu'on a : $\mathrm{EQM}'[d] = \mathrm{EQM}'[N-1-d]$, on peut dire que EQM[$d$] est symétrique par rapport à l'axe $d = \frac{N}{2} - \frac{1}{2}$. Ainsi on peut déduire que $d_{min} = \frac{N}{2} - 1$ ou $\frac{N}{2}$. À titre d'illustration, la figure 3.2 donne la courbe de EQM[d], obtenue théoriquement et par simulation Monte-Carlo, pour $N = 128$ et $f_dT = 0.1$. Il est bien observé que $d = 63.5$ est un axe de symétrie et ainsi $d_{min} = 63$ ou 64. On peut donc bien conclure que la valeur centrale $\alpha_l^{(n)}(\frac{N}{2}T_s)$ est la plus proche de la valeur moyenne $\overline{\alpha}_l^{(n)}$. De plus, en remplaçant d dans (3.21) par $d_{min} = \frac{N}{2}$, on obtient $\mathrm{EQM}_2 = \mathrm{EQM}[\frac{N}{2}]$, ce qui est bien conforme à l'expression (3.18) annoncée pour EQM_2.

Analysons maintenant l'ampleur de cette erreur, EQM_2 , entre valeur moyenne exacte et valeur centrale exacte. Pour un canal normalisé ($\sum_{l=1}^{L} \sigma_{\alpha_l}^2 = 1$), EQM_2 ne dépend que de f_dT. La figure 3.3 montre l'évolution de EQM_2 en fonction de f_dT (pour un canal normalisé), obtenue théoriquement de (3.18) et par simulation Monte-Carlo. On peut conclure que, pour des valeurs d'étalement Doppler réalistes $f_dT \leq 0.1$, la distance entre les valeurs moyennes $\boldsymbol{a}_{(n)}$ et les valeurs centrales $\boldsymbol{\alpha}_{\boldsymbol{c}(n)}$ est négligeable. Par conséquent, on peut considérer qu'une estimation de $\boldsymbol{a}_{(n)}$ est une estimation de $\boldsymbol{\alpha}_{\boldsymbol{c}(n)}$.

Ainsi, si l'on dispose d'une estimation correcte des moyennes $\boldsymbol{a}_{(n)}$ sur quelques symboles OFDM, leur interpolation par sinus cardinal[1] par un facteur $(N + N_g)$ devrait donner une estimation correcte de l'évolution temporelle des gains complexes au pas T_s, $\{\alpha_l(qT_s)\}$, durant ces quelques symboles OFDM, comme illustré sur la figure figure ??.

1. le théorème d'échantillonnage est respecté tant que $f_dT \leq 0.5$

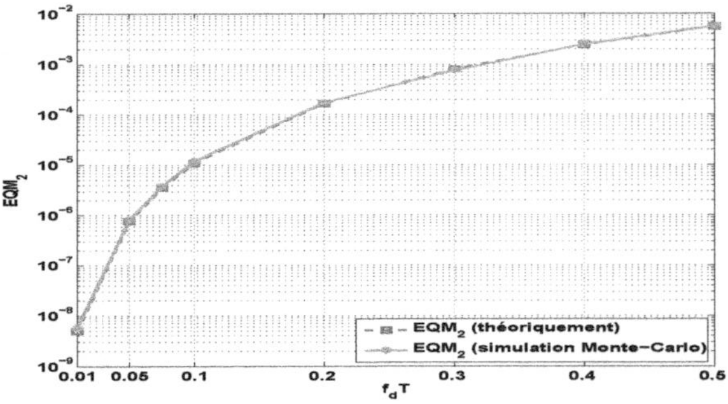

FIGURE 3.3 – EQM entre $\boldsymbol{a}_{(n)}$ et $\boldsymbol{\alpha}_{\mathbf{c}(n)}$ avec $N = 128$

3.5.2 Algorithme itératif

L'algorithme itératif d'estimation des gains complexes et de suppression d'IEP est illustré dans les figures 3.4, 3.5 et 3.6. L'algorithme est divisé en deux modes : mode d'estimation de la matrice du canal et mode de détection comme illustré dans la figure 3.4. Le premier mode contient l'estimation des gains complexes échantillonnés $\{\alpha_l^{(n)}(qT_s)\}$ au pas T_s via un estimateur LS et un interpolateur temporel passe-bas, et la calcul de la matrice du canal $\mathbf{H}_{(n)}$ comme illustré dans la figure 3.5. Le deuxième mode contient la détection des symboles de données en utilisant la méthode de suppression successive des interférences (SSI) avec un égaliseur fréquentiel simple à un seul coefficient par sous-porteuse (voir section 3.4). Une technique rétroactive est utilisée entre ces deux modes qui permet d'effectuer itérativement la suppression d'IEP et l'estimation de la matrice du canal. Dans cet algorithme itératif, les symboles OFDM sont groupés dans des blocs de K symboles OFDM chacun. Deux blocs consécutifs ont une intersection dans deux symboles OFDM comme illustré dans la figure 3.6. Pour un bloc de K symboles OFDM, l'algorithme itératif s'exécute selon :

<u>*initialisation*</u> :
$i \leftarrow 1$
$\mathbf{y}_{\mathbf{p}(k,i)} = \mathbf{y}_{\mathbf{p}(k)}$

<u>*récursion*</u> :
1) $\boldsymbol{a}_{\mathbf{LS}(k,i)} = \mathbf{G}\ \mathbf{y}_{\mathbf{p}(k,i)}$

2) $\{\hat{\alpha}_l^{(k,i)}(qT_s),\ {}_{q=-N_g,\ldots,N-1}^{k=2,\ldots,K-1}\} = interp([\boldsymbol{a}_{\mathbf{LS}_{(k,i)}}]_l, N + N_g)$

3) calcul de la matrice du canal $\mathbf{H}_{(k,i)}$ selon (3.2)

4) suppression de l'IEP due aux pilotes dans les données reçues $\mathbf{y}_{\mathbf{d}(k)}$

5) détection des symboles de données $\hat{\mathbf{x}}_{\mathbf{d}(k)}$ en utilisant la méthode SSI

6) suppression des interférences : $\mathbf{y}_{\mathbf{p}(k,i+1)} = \mathbf{y}_{\mathbf{p}(k)} - \hat{\mathbf{H}}_{\mathbf{p}(k,i)}\hat{\mathbf{x}}_{(k,i)}$

7) $i \leftarrow i + 1$

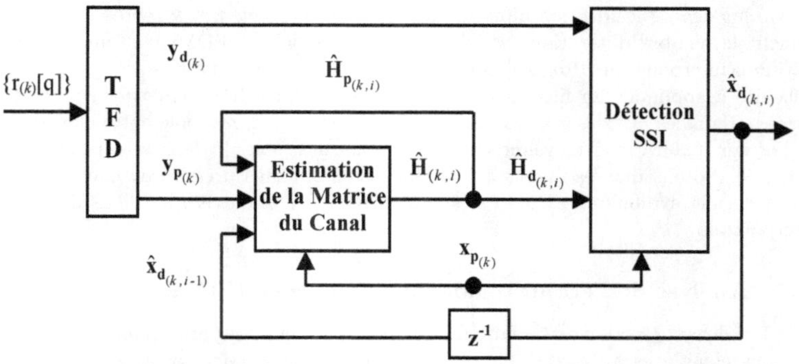

FIGURE 3.4 – Le diagramme de l'estimateur de canal et de la suppression d'interférence (SSI)

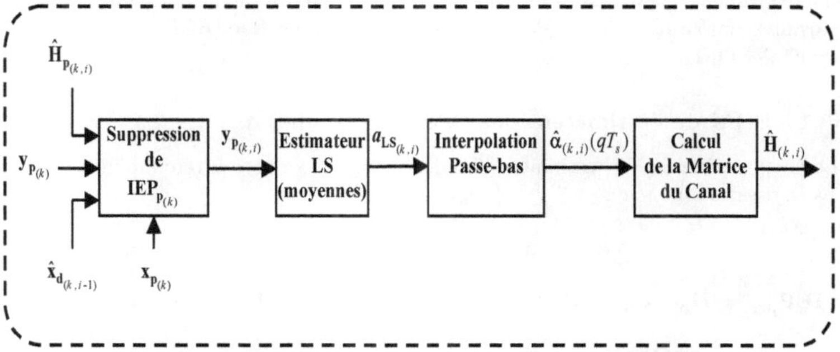

FIGURE 3.5 – Le diagramme de l'estimateur de la matrice du canal

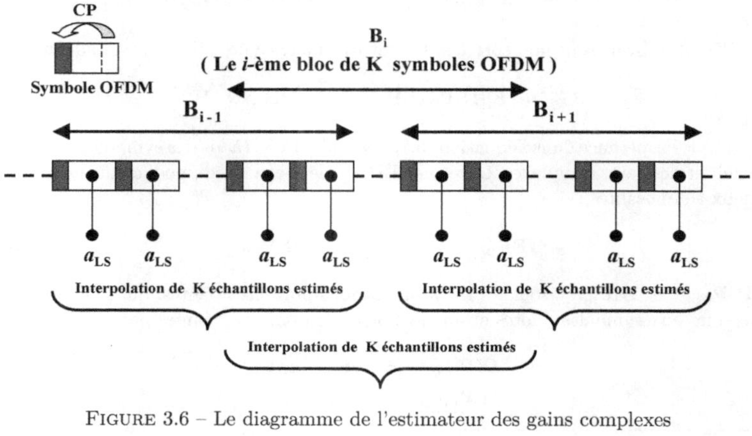

FIGURE 3.6 – Le diagramme de l'estimateur des gains complexes

avec *interp* dénote la fonction d'interpolation en Matlab [2] et, i et k représentent respectivement le nombre d'itérations et le nombre de symboles OFDM dans un bloc. Cette fonction d'interpolation [Prog 79] consiste à insérer des zéros dans la séquence originale et ensuite à appliquer un filtre spécial passe-bas. Ce filtre RIF symétrique permet aux données originales de passer à travers sans être changées et interpole entre elles de sorte que l'erreur quadratique moyenne entre les points interpolés et leur valeurs idéales soit minimisée. Notons que les étapes 3 à 6 sont exécutées sans prendre en compte les premier et dernier symboles OFDM ($i.e., k = 2 \; to \; K-1$) afin d'éviter les effets de bords de l'interpolation.

3.5.3 Analyse de l'erreur quadratique moyenne (EQM)

Le but de cette section est de faire une analyse théorique des performances d'estimation des gains complexes au pas T_s en terme d'erreur quadratique moyenne (EQM). Cette EQM globale est due à différentes contributions : erreur d'estimation de la moyenne, erreur entre moyenne et valeur centrale, et erreur d'interpolation. Nous allons ainsi au préalable étudier l'EQM de l'estimation seule des valeurs moyennes des gains complexes. De plus,une comparaison de l'EQM avec la Borne de Cramér-Rao (BCR) avec connaissance des symboles OFDM (DA : data-aided) sera faite.

3.5.3.1 EQM de l'estimateur des valeurs moyennes $\boldsymbol{a}_{(n)}$

Le vecteur d'erreur de l'estimateur LS des valeurs moyennes $\boldsymbol{a}$ (en oubliant l'indice de temps (n)) est donné par :

$$e \;=\; \mathbf{a}_{\mathbf{LS}} - \mathbf{a} \;=\; \mathbf{G}(\mathbf{IEP}_{\mathbf{p}} + \mathbf{w}_{\mathbf{p}}) \tag{3.24}$$

avec $\mathbf{IEP}_{\mathbf{p}_{(n)}} = \mathbf{H}_{\mathbf{p}_{(n)}}\mathbf{x}_{(n)}$. L'EQM de l'estimateur LS de $\boldsymbol{a}$, EQM_1, est donnée par :

$$\begin{aligned} \text{EQM}_1 &= \text{E}\left[e^H e\right] \\ &= \text{Tr}\left(\text{E}\left[ee^H\right]\right) \;=\; \text{Tr}\Big(\mathbf{G}(\mathbf{R_1} + \sigma^2 \mathbf{I}_{N_p})\mathbf{G}^H\Big) \end{aligned} \tag{3.25}$$

car l'IEP et le bruit sont non corrélés. $\mathbf{R_1}$ est une matrice de taille $N_p \times N_p$ définie par :

$$\mathbf{R_1} \;=\; \text{E}\left[\mathbf{IEP}_{\mathbf{p}}\mathbf{IEP}_{\mathbf{p}}^H\right] \;=\; \text{E}\left[\mathbf{H}_{\mathbf{p}}\mathbf{x}\mathbf{x}^H\mathbf{H}_{\mathbf{p}}^H\right] \tag{3.26}$$

Notons que l'espérance dans l'équation (3.26) est calculée vis à vis des symboles de données, du bruit et des gains complexes. Le terme $\mathbf{IEP}_{\mathbf{p}_{(n)}}$ peut être décomposé comme une somme de deux composantes :

$$\mathbf{IEP}_{\mathbf{p}_{(n)}} \;=\; \mathbf{IEP}_{\mathbf{pp}_{(n)}} + \mathbf{IEP}_{\mathbf{dd}_{(n)}} \tag{3.27}$$

où $\mathbf{IEP}_{\mathbf{pp}_{(n)}}$ et $\mathbf{IEP}_{\mathbf{dd}_{(n)}}$ sont les IEPs sur les sous-porteuses pilotes, qui sont respectivement dues aux symboles pilotes et aux symboles de données, définies par :

$$\mathbf{IEP}_{\mathbf{pp}_{(n)}} \;=\; \mathbf{H}_{\mathbf{pp}_{(n)}}\mathbf{x}_{\mathbf{p}} \tag{3.28}$$

$$\mathbf{IEP}_{\mathbf{dd}_{(n)}} \;=\; \mathbf{H}_{\mathbf{dd}_{(n)}}\mathbf{x}_{\mathbf{d}_{(n)}} \tag{3.29}$$

2. nous verrons que les performances de l'algorithme varient finalement peu avec le type d'interpolateur passe-bas, car ce dernier ne constitue pas le facteur limitatif

où $\mathbf{H}_{\mathbf{pp}_{(n)}}$ et $\mathbf{H}_{\mathbf{dd}_{(n)}}$ sont deux matrices de tailles respectivement $N_p \times N_p$ et $N_p \times (N - N_p)$, dont les éléments sont définis par :

$$\left[\mathbf{H}_{\mathbf{pp}_{(n)}}\right]_{k,m} = \begin{cases} \left[\mathbf{H}_{(n)}\right]_{p_k,p_m} & \text{if } k \neq m \\ 0 & \text{if } k = m \end{cases} \tag{3.30}$$

$$\left[\mathbf{H}_{\mathbf{dd}_{(n)}}\right]_{k,m} = \left[\mathbf{H}_{(n)}\right]_{p_k,t_m} \tag{3.31}$$

où $\{p_k\}$ est défini par (3.3) et $t_m \in [1, N] - \mathcal{P}$ pour $m \in [1, N - N_p]$. Par conséquent, la matrice $\mathbf{R_1}$ (en oubliant l'indice de temps (n)) devient :

$$\mathbf{R_1} = \mathbf{R_{pp}} + \mathbf{R_{dd}} \tag{3.32}$$

où $\mathbf{R_{pp}}$ et $\mathbf{R_{dd}}$ sont deux matrices de tailles $N_p \times N_p$ définies par :

$$\mathbf{R_{pp}} = \mathrm{E}\left[\mathbf{IEP_{pp}IEP_{pp}^{\mathit{H}}}\right] = \mathrm{E}\left[\mathbf{H_{pp}x_p x_p^{\mathit{H}} H_{pp}^{\mathit{H}}}\right] \tag{3.33}$$

$$\mathbf{R_{dd}} = \mathrm{E}\left[\mathbf{IEP_{dd}IEP_{dd}^{\mathit{H}}}\right] = \mathrm{E}\left[\mathbf{H_{dd}x_d x_d^{\mathit{H}} H_{dd}^{\mathit{H}}}\right] \tag{3.34}$$

car les symboles pilotes sont supposés fixes durant la transmission, et les symboles de données et les coefficients $\left[\mathbf{H}_{(n)}\right]_{k,m}$ sont non corrélés. Les symboles de données sont normalisés et non corrélés (*i.e.*, $\mathrm{E}\left[\mathbf{x_d x_d^{\mathit{H}}}\right] = \mathbf{I}_{N-N_p}$), on aura donc $\mathbf{R_{dd}} = \mathrm{E}\left[\mathbf{H_{dd}H_{dd}^{\mathit{H}}}\right]$. Ainsi les éléments suivants $[\mathbf{R_{pp}}]_{k,m}$ et $[\mathbf{R_{dd}}]_{k,m}$, pour $k, m \in [1, N_p]$, sont calculés comme suit :

$$[\mathbf{R_{pp}}]_{k,m} = \mathrm{E}\left[\sum_{\substack{d_1=p_1 \\ d_1 \neq p_k}}^{p_{N_p}} \sum_{\substack{d_2=p_1 \\ d_2 \neq p_m}}^{p_{N_p}} [x]_{d_1}[x]^*_{d_2}[H]_{p_k,d_1}[H]^*_{p_m,d_2}\right]$$

$$= \frac{1}{N^2} \sum_{\substack{d_1=p_1 \\ d_1 \neq p_k}}^{p_{N_p}} \sum_{\substack{d_2=p_1 \\ d_2 \neq p_m}}^{p_{N_p}} \sum_{l=1}^{L} \sigma^2_{\alpha_l}[x]_{d_1}[x]^*_{d_2} e^{-j2\pi\frac{d_1-d_2}{N}\tau_l} \sum_{q_1=0}^{N-1}\sum_{q_2=0}^{N-1} e^{j2\pi\frac{(d_1-p_k)q_1-(d_2-p_m)q_2}{N}} J_0\Big(2\pi f_d T_s(q_1 - q_2)\Big) \tag{3.35}$$

$$[\mathbf{R_{dd}}]_{k,m} = \mathrm{E}\left[\sum_{\substack{d=1 \\ d \neq p_s}}^{N} [H]_{p_k,d}[H]^*_{p_m,d}\right]$$

$$= \sum_{l=1}^{L} \sigma^2_{\alpha_l}\left(\delta_{k,m} - \frac{N_p}{N^2}\sum_{q_1=0}^{N-1}\sum_{q_2=0}^{N-1}(-1)^{q_1-q_2} e^{-j2\pi\frac{p_k q_1 - p_m q_2}{N}} J_0\Big(2\pi f_d T_s(q_1-q_2)\Big)\,\delta_{0,(q_1-q_2)_{N_p}}\right) \tag{3.36}$$

Notons que si l'IEP est complètement supprimée, la matrice $\mathbf{R_1}$ est alors une matrice de zéros. Par conséquent, l'équation (3.25) devient :

$$\mathrm{EQM}_1 \text{ (sans IEP)} = \sigma^2 \mathrm{Tr}\Big(\mathbf{GG}^H\Big) \tag{3.37}$$

Notons que EQM_1 dépend en général des positions des symboles pilotes et des retards des trajets.

Notre estimateur LS des valeurs moyennes des gains complexes est non biaisé, et ses performances pourront être comparés à la Borne de Cramér-Rao (BCR). On va donc calculer la BCR pour l'estimation de $\boldsymbol{a}$ en utilisant les symboles pilotes reçus $\mathbf{y_p}$ du symbole OFDM courant. Le calcul de cette borne est semblable aux calculs de bornes menés au chapitre II, mais avec des adaptations dues à quelques différences : on ne s'intéresse qu'à la valeur moyenne du processus, cette dernière n'est obtenue qu'à partir de l'observation du symbole courant ($K = 1$ avec les notations du chapitre II), et enfin seule une partie des symboles est connue (symboles pilotes).

- **Calcul de la BCR de $\boldsymbol{a}$** :

En supposant l'IEP $\mathbf{IEP_p} = \mathbf{H_p x}$ dans (3.4) connue, le vecteur $\mathbf{y_p}$ sachant $\boldsymbol{a}$ est Gaussien complexe de vecteur moyenne $\mathbf{m} = \text{diag}\{\mathbf{x_p}\}\mathbf{F_p}\boldsymbol{a} + \mathbf{IEP_p}$ et de matrice de covariance $\mathbf{\Omega_1} = \sigma^2 \mathbf{I}_{N_p}$. Ainsi, la densité de probabilité $p(\mathbf{y_p}|\boldsymbol{a})$ est définie par :

$$p(\mathbf{y_p}|\boldsymbol{a}) = \frac{1}{|\pi\mathbf{\Omega_1}|} e^{-(\mathbf{y_p}-\mathbf{m})^H \mathbf{\Omega_1}^{-1}(\mathbf{y_p}-\mathbf{m})} \tag{3.38}$$

Le vecteur des valeurs moyennes $\boldsymbol{a}$ est Gaussien complexe centré de matrice de covariance $\mathbf{\Omega_2}$, et donc la densité de probabilité de $\boldsymbol{a}$ peut s'écrire comme suit :

$$p(\boldsymbol{a}) = \frac{1}{|\pi\mathbf{\Omega_2}|} e^{-\boldsymbol{a}^H \mathbf{\Omega_2}^{-1}\boldsymbol{a}} \tag{3.39}$$

où $\mathbf{\Omega_2}$ est une matrice diagonale de taille $L \times L$ dont les éléments sont donnés par :

$$[\mathbf{\Omega_2}]_{l,l} = \mathrm{E}\Big[[\boldsymbol{a}]_l[\boldsymbol{a}]_l^*\Big] = \frac{\sigma_{\alpha_l}^2}{N^2}\sum_{q_1=0}^{N-1}\sum_{q_2=0}^{N-1} J_0\Big(2\pi f_d T_s(q_1-q_2)\Big) \tag{3.40}$$

La BCR Standard (BCRS) et la BCR Bayesienne (BCRB) sont définies par :

$$\mathbf{BCRS}(\boldsymbol{a}) = \left(-\mathrm{E}_{\mathbf{y_p}}\left[\frac{\partial^2}{\partial\boldsymbol{a}^*\partial\boldsymbol{a}^T}\ln\left(p(\mathbf{y_p}|\boldsymbol{a})\right)\right]\right)^{-1} \tag{3.41}$$

$$\mathbf{BCRB}(\boldsymbol{a}) = \left(-\mathrm{E}_{\mathbf{y_p},\boldsymbol{a}}\left[\frac{\partial^2}{\partial\boldsymbol{a}^*\partial\boldsymbol{a}^T}\ln\left(p(\mathbf{y_p},\boldsymbol{a})\right)\right]\right)^{-1} \tag{3.42}$$

avec $p(\mathbf{y_p},\boldsymbol{a}) = p(\mathbf{y_p}|\boldsymbol{a})p(\boldsymbol{a})$ est la densité de probabilité conjointe de $\mathbf{y_p}$ et $\boldsymbol{a}$. Nous rappelons que la BCRB est utilisée pour des paramètres aléatoires alors que la BCRS est en réalité appropriée aux paramètres déterministes (ou bien est calculée pour une valeur donnée du paramètre aléatoire).

Les résultats des dérivées secondes de $\ln\left(p(\mathbf{y_p}|\boldsymbol{a}\right)$ et $\ln\left(p(\mathbf{y_p},\boldsymbol{a})\right)$ par rapport $\boldsymbol{a}$ sont donnés par :

$$\frac{\partial^2}{\partial\boldsymbol{a}^*\partial\boldsymbol{a}^T}\ln\left(p(\mathbf{y_p}|\boldsymbol{a})\right) = -\mathbf{F_p}^H \text{diag}\{\mathbf{x_p}\}^H \mathbf{\Omega_1}^{-1}\text{diag}\{\mathbf{x_p}\}\mathbf{F_p} \tag{3.43}$$

$$\frac{\partial^2}{\partial\boldsymbol{a}^*\partial\boldsymbol{a}^T}\ln\left(p(\mathbf{y_p},\boldsymbol{a})\right) = -\mathbf{F_p}^H \text{diag}\{\mathbf{x_p}\}^H \mathbf{\Omega_1}^{-1}\text{diag}\{\mathbf{x_p}\}\mathbf{F_p} - \mathbf{\Omega_2}^{-1} \tag{3.44}$$

Donc, la substitution de (3.43) et (3.44) dans (3.41) et (3.42) conduit à :

$$\mathbf{BCRS}(\boldsymbol{a}) = \sigma^2\left(\mathbf{F_p}^H\text{diag}\{\mathbf{x_p}\}^H\text{diag}\{\mathbf{x_p}\}\mathbf{F_p}\right)^{-1} = \sigma^2\left(\mathbf{F_p}^H\mathbf{F_p}\right)^{-1} \tag{3.45}$$

$$\mathbf{BCRB}(\boldsymbol{a}) = \left(\frac{1}{\sigma^2}\mathbf{F_p}^H\text{diag}\{\mathbf{x_p}\}^H\text{diag}\{\mathbf{x_p}\}\mathbf{F_p} + \mathbf{\Omega_2}^{-1}\right)^{-1} = \left(\frac{1}{\sigma^2}\mathbf{F_p}^H\mathbf{F_p} + \mathbf{\Omega_2}^{-1}\right)^{-1} \tag{3.46}$$

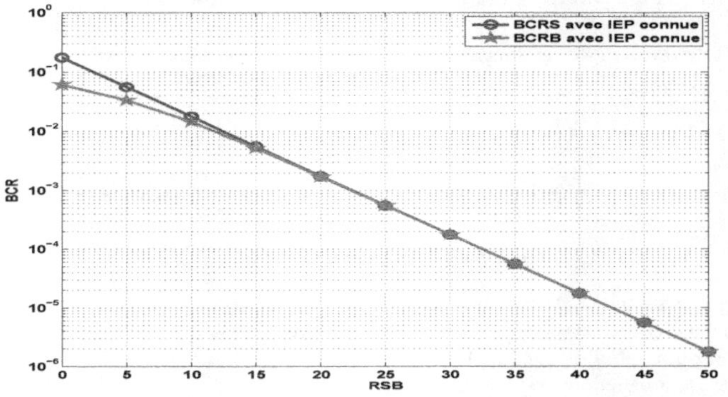

FIGURE 3.7 – Comparaison entre BCRS et BCRB avec $N = 128$, $N_p = 16$ et $f_dT = 0.1$

car les symboles pilotes sont fixes et normalisés.

Quelques remarques peuvent être faites concernant ces bornes :

D'abord, on peut mentionner que, dans un contexte DA, la BCRS des moyennes est équivalente à la BCRS des gains complexes invariants durant un symbole OFDM obtenue au Chapitre 2, en considérant le cas en ligne et l'estimation "instantanée" à partir seulement du symbole courant.

Ensuite il faut noter que pour notre problème spécifique, la BCRS est indépendante de $\boldsymbol{a}$. Elle est directement proportionnelle à la variance du bruit d'observation. La BCRS défini ainsi la borne minimale, si la distribution à priori de $\boldsymbol{a}$ n'est pas utilisée dans la méthode d'estimation, tandis que la BCRB tient compte de cette information. Ceci est illustré sur la figure 3.7, qui trace la BCRS $= \mathrm{Tr}(\mathbf{BCRS}(\boldsymbol{a}))$ et la BCRB $= \mathrm{Tr}(\mathbf{BCRB}(\boldsymbol{a}))$ en fonction du RSB pour le canal dont les paramètres sont définies dans le Tableau 1.1, avec $N = 128$, $N_p = 16$ et $f_dT = 0.1$. On peut observer qu'il y a une légère différence entre la BCRS et la BCRB seulement pour les faibles valeurs du RSB. On peut ainsi comparer l'EQM de notre estimateur LS de $\boldsymbol{a}$ avec la BCRS (à la place de la BCRB), qui est directement inversement proportionnelle au RSB. De plus, la borne standard est une référence intéressante pour notre algorithme car l'estimateur LS utilisé est l'estimateur optimal pour une IEP connue lorsque le vecteur de paramètre $\boldsymbol{a}$ est déterministe. Pour un vecteur de paramètres $\boldsymbol{a}$ aléatoire (Gaussien), l'estimateur optimal est en fait l'estimateur du maximum de vraisemblance (MV). Mais l'estimateur LS est utilisé car sa mise en place est plus simple (nécessite moins d'information que l'estimateur MV).

Il est facile à démontrer que :

$$\begin{cases} \mathrm{EQM}_1 \text{ (avec IEP)} & > & \mathrm{Tr}(\mathbf{BCRS}(\boldsymbol{a})) \\ \mathrm{EQM}_1 \text{ (sans IEP)} & = & \mathrm{Tr}(\mathbf{BCRS}(\boldsymbol{a})) \end{cases} \tag{3.47}$$

Ainsi, en estimant et en enlevant l'IEP itérativement, EQM_1 se rapprochera de la borne standard $\mathrm{BCRS}(\boldsymbol{a}) = \mathrm{Tr}(\mathbf{BCRS}(\boldsymbol{a}))$.

3.5.3.2 EQM globale de l'estimateur des gains complexes $\alpha_l^{(n)}(qT_s)$

Le vecteur d'erreur de l'estimateur global des gains complexes $\boldsymbol{\alpha}_{(k,q)} = \left[\alpha_1^{(k)}(qT_s), ..., \alpha_L^{(k)}(qT_s)\right]^T$ au pas T_s est donné par :

$$\mathbf{e}_{(k,q)} = \hat{\boldsymbol{\alpha}}_{(k,q)} - \boldsymbol{\alpha}_{(k,q)} \quad (3.48)$$

Ce vecteur d'erreur peut être écrit comme la somme de deux vecteurs d'erreur :

$$\mathbf{e}_{(k,q)} = \mathbf{e}_{\mathbf{c}(k)} + \mathbf{e}_{\mathbf{int}(k,q)} \quad (3.49)$$

où $\mathbf{e}_{\mathbf{c}(k)}$ est le vecteur d'erreur dû à la supposition que $\boldsymbol{a}_{\mathbf{LS}(k)}$ est une estimation de la valeur centrale $\boldsymbol{\alpha}_{\mathbf{c}(k)}$ et $\mathbf{e}_{\mathbf{int}(k,q)}$ est le vecteur d'erreur dû à la méthode d'interpolation, qui dépend du nombre de symboles OFDM K et du terme f_dT.

L'EQM de l'estimateur $\boldsymbol{\alpha}_q^k$ est définie par :

$$\mathrm{EQM}_{T_s} = \sum_{k=2}^{K-1} \sum_{q=-N_g}^{N-1} \mathrm{E}\left[\mathbf{e}_{(k,q)}{}^H \mathbf{e}_{(k,q)}\right] \quad (3.50)$$

Dans la suite, l'erreur d'interpolation sera négligée ($\mathbf{e}_{\mathbf{int}(k,q)} \approx [0, ..., 0]^T$) dans l'équation (3.49), ce qui se justifie du moment que l'on choisit une grande valeur de K (pour éviter les effets de bord), que le théorème d'échantillonnage est respecté dans le domaine temporel (*i.e.* $f_dT \leq 0.5$, où T est la durée d'un symbole OFDM) et que l'on utilise un interpolateur correct. Le calcul pour justifier ce point étant complexe et sans réel intérêt, la validation de l'approximation sera seulement vérifiée par simulation.

Par conséquent, l'EQM de l'estimateur $\boldsymbol{\alpha}_q^k$ devient :

$$\mathrm{EQM}_{T_s} \approx \mathrm{EQM}_c \quad (3.51)$$

où EQM_c est l'EQM pour la supposition que les valeurs *moyennes estimées* $\boldsymbol{a}_{\mathbf{LS}}$ sont une estimation des valeurs *centrales exactes* $\boldsymbol{\alpha}_{\mathbf{c}}$, donnée par :

$$\begin{aligned} \mathrm{EQM}_c &= \mathrm{E}\left[\mathbf{e_c}^H \mathbf{e_c}\right] = \mathrm{E}\left[(\boldsymbol{a}_{\mathbf{LS}} - \boldsymbol{\alpha}_{\mathbf{c}})^H (\boldsymbol{a}_{\mathbf{LS}} - \boldsymbol{\alpha}_{\mathbf{c}})\right] \\ &= \mathrm{EQM}_1 + \mathrm{EQM}_2 + \mathrm{EQM}_{12} + \mathrm{EQM}_{21} \end{aligned} \quad (3.52)$$

où EQM_1 est définie dans (3.25) , EQM_2 est définie dans (3.18). L'EQM globale résulte donc de l'addition de l'EQM due à l'erreur entre moyenne exacte et valeur centrale exacte d'un processus de Rayleigh sur une durée T, et de l'EQM due à l'estimation des moyennes à partir de l'observation. Il se rajoute aussi EQM_{12} et EQM_{21} qui sont des termes croisés négligeables, donnés par :

$$\mathrm{EQM}_{12} = \mathrm{E}\left[(\boldsymbol{a}_{\mathbf{LS}} - \boldsymbol{a})^H (\boldsymbol{a} - \boldsymbol{\alpha}_{\mathbf{c}})\right] = \mathrm{Tr}\left(\mathbf{R_2}\, \mathbf{G}^H\right) \quad (3.53)$$

$$\mathrm{EQM}_{21} = \mathrm{E}\left[(\boldsymbol{a} - \boldsymbol{\alpha}_{\mathbf{c}})^H (\boldsymbol{a}_{\mathbf{LS}} - \boldsymbol{a})\right] = \mathrm{EQM}_{12}^* \quad (3.54)$$

où $\mathbf{R_2}$ est une matrice de taille $L \times N_p$ définie par :

$$\mathbf{R_2} = \mathrm{E}\left[(\boldsymbol{a} - \boldsymbol{\alpha}_{\mathbf{c}})\, \mathbf{x}_{\mathbf{p}}^H\, \mathbf{H}_{\mathbf{pp}(n)}^H\right] \quad (3.55)$$

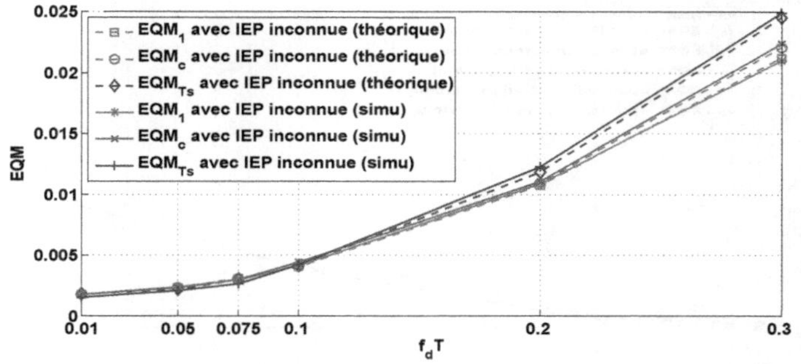

FIGURE 3.8 – Comparaison entre les EQMs pour $RSB = 20dB$

Les éléments de la matrice $\mathbf{R_2}$ sont donnés par :

$$
\begin{aligned}
[\mathbf{R_2}]_{k,m} &= \mathrm{E}\left[\sum_{\substack{d=p_1\\u\neq p_k}}^{p_{N_p}} [x]_d^*[H]^*_{p_k,d}\Big(\overline{\alpha}_l - \alpha_l[\frac{N}{2}T_s]\Big)\right] \\
= \frac{\sigma^2_{\alpha_l}}{N^2}\sum_{\substack{d=p_1\\d\neq p_k}}^{p_{N_p}} [x]_d^* e^{j2\pi\frac{d}{N}\tau_l}\sum_{q_1=0}^{N-1}\sum_{q_2=0}^{N-1} e^{-j2\pi\frac{(d-p_k)q_1}{N}} &\Big(J_0\Big(2\pi f_d T_s(q_1-q_2)\Big) - J_0\Big(2\pi f_d T_s(q_1-\frac{N}{2})\Big)\Big)
\end{aligned}
\tag{3.56}
$$

On peut noter que les éléments des matrice $\mathbf{R_1}$ et $\mathbf{R_2}$ dépendent des symboles pilotes connus et des retards des trajets.

3.5.4 Simulation

Dans cette section, on vérifie la théorie par la simulation et on teste les performances de notre algorithme itératif. On étudie l'erreur quadratique moyenne (EQM) et le taux d'erreur binaire (TEB) en fonction du rapport signal sur bruit (RSB) et de l'étalement Doppler normalisé (f_dT) pour un canal normalisé de type Rayleigh avec $L = 6$ trajets dont les paramètres sont résumés dans le tableau 1.1. On considère un système OFDM normalisé à modulation 4-QAM tel que $N = 128$ sous-porteuses, $N_g = \frac{N}{8}$ échantillons de garde, $N_p = 16$ pilotes ($i.e., L_f = 8$) et $K = 10$ symboles OFDM dans chaque bloc. Le TEB est évalué pour un canal à variations temporelles modérément rapides telles que $f_dT = 0.05$ et $f_dT = 0.1$, ce qui correspondrait respectivement à des vitesses de véhicules $V_m = 140km/h$ et $V_m = 280km/h$ pour $f_0 = 5GHz$.

La figure 3.8 donne l'évolution de l'EQM en fonction de f_dT, pour un $RSB = 20dB$. On observe que, avec l'IEP inconnue, les EQM obtenues par simulation vérifient les EQM théoriques. On remarque que la différence entre EQM_{T_s} et EQM_c augmente en fonction de f_dT. Cela est due à l'erreur de la méthode d'interpolation qui augmente avec f_dT. Mais pour les plages de vitesses visées par l'algorithme, on peut dire que $\mathrm{EQM}_{T_s} \approx \mathrm{EQM}_c$, surtout pour $f_dT \leq 0.1$. Cela signifie que l'erreur d'interpolation est négligeable en opérant avec un bloc de $K = 10$ symboles OFDM. On vérifie aussi que EQM_2 est négligeable par rapport à EQM_1 (voir figure 3.3), en particulier pour $f_dT \leq 0.1$. Dans ce cas, on peut dire

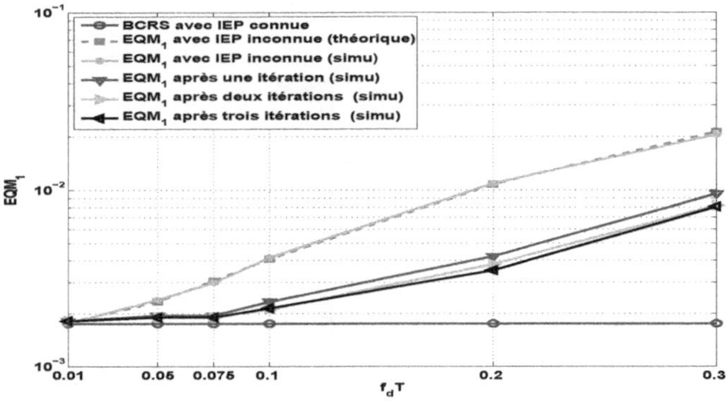

FIGURE 3.9 – L'EQM de l'estimateur LS pour $RSB = 20dB$

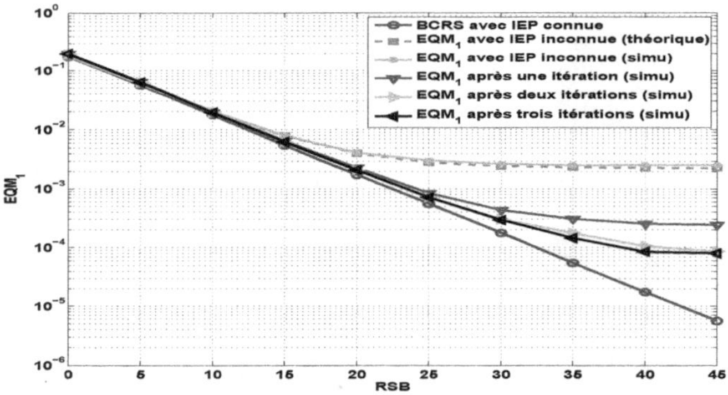

FIGURE 3.10 – L'EQM de l'estimateur LS pour $f_dT = 0.1$

que $\text{EQM}_{T_s} \approx \text{EQM}_c \approx \text{EQM}_1$: l'erreur de l'algorithme est principalement due à l'erreur d' estimation des valeurs moyennes.

La figure 3.9 donne l'évolution de EQM_1 avec les itérations en fonction de f_dT pour un $RSB = 20dB$. On remarque que, en présence de toute l'IEP, EQM_1 est loin de la BCRS. Par contre, en améliorant l'estimation de l'IEP et sa suppression après chaque itération, EQM_1 diminue beaucoup, surtout après la première itération. EQM_1 se rapproche ainsi de la BCRS pour $f_dT \leq 0.1$. Cependant, en augmentant f_dT, on observe à partir de EQM_2 donnée dans la figure 3.3 que la valeur moyenne $\boldsymbol{a}$ s'éloigne de la valeur centrale $\boldsymbol{\alpha_c}$. Par conséquent, pour $f_dT > 0.1$, l'EQM de l'estimateur des gains complexes est importante et l'IEP n'est pas bien estimée et retirée.

La figure 3.10 montre l'évolution de $\text{EQM}_{T_s} \approx \text{EQM}_1$ avec les itérations en fonction du RSB pour un $f_dT = 0.1$. Après une itération, une grande amélioration est réalisée et EQM_1 est très proche de la BCRS particulièrement pour les faibles et moyens RSB. En effet, l'IEP n'est pas complètement enlevée due à l'erreur de détection des symboles, mais pour de faibles RSB la contribution du bruit d'observation est dominante.

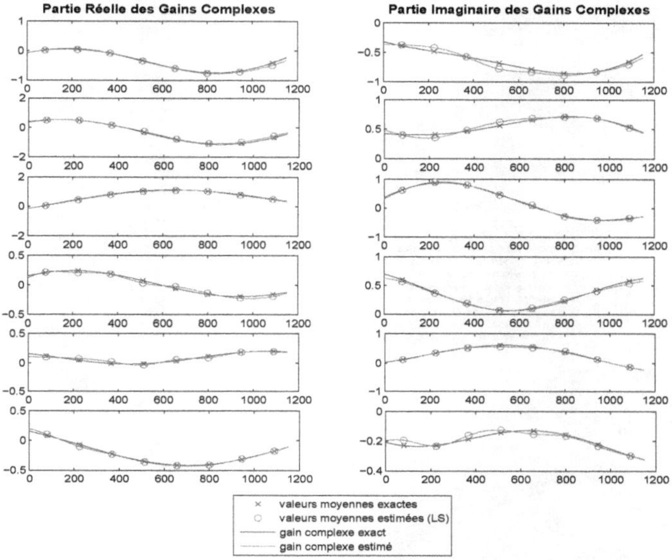

FIGURE 3.11 – Les gains complexes estimés avec $f_dT = 0.1$ et $RSB = 20dB$

La figure 3.11 illustre les parties réelles et imaginaires des gains complexes exacts et estimés (après une itération) pour une réalisation du canal sur 8 symboles OFDM avec un $RSB = 20dB$ et $f_dT = 0.1$. On vérifie que l'on a une bonne estimation, malgré la rapidité du canal.

La figure 3.12 donne le TEB de notre algorithme comparé aux TEB des méthodes classiques ou conventionnelles (LS et LMMSE) [Hsie 98] [Cole 02] [Zhao 97] et au TEB obtenu par l'algorithme SSI avec canal connu pour $f_dT = 0.05$ en (a) et $f_dT = 0.1$ en (b). Comme référence, on a également tracé le TEB obtenu avec une connaissance parfaite du canal et de l'IEP (on rappelle que l'IEP dépend du canal mais aussi des symboles). Ces résultats prouvent que, avec l'IEP inconnue, notre algorithme a une meilleure performance que les méthodes conventionnelles. De plus, quand on commence la suppression d'interférence notre algorithme montre une amélioration du Taux d'erreur binaire après chaque itération, grâce à l'amélioration de l'estimation de l'IEP. Après deux itérations, le TEB de notre algorithme est très proche du TEB obtenu par suppression d'IEP avec canal connu. Pour de forts RSB, on a un plancher qui est dû surtout aux erreurs de décision de l'égaliseur, et non à l'estimation des gains.

3.5.5 Conclusion

Dans cette partie, on a analysé un algorithme itératif pour estimer les gains complexes des trajets et supprimer l'interférence entre porteuses (IEP) dans un système OFDM. Les variations temporelles des gains complexes sont obtenues en exploitant l'invariance (sur plusieurs symboles OFDM) et la connaissance des retards des trajets. L'analyse théorique et les résultats de simulation de notre algorithme montrent que, en estimant et en

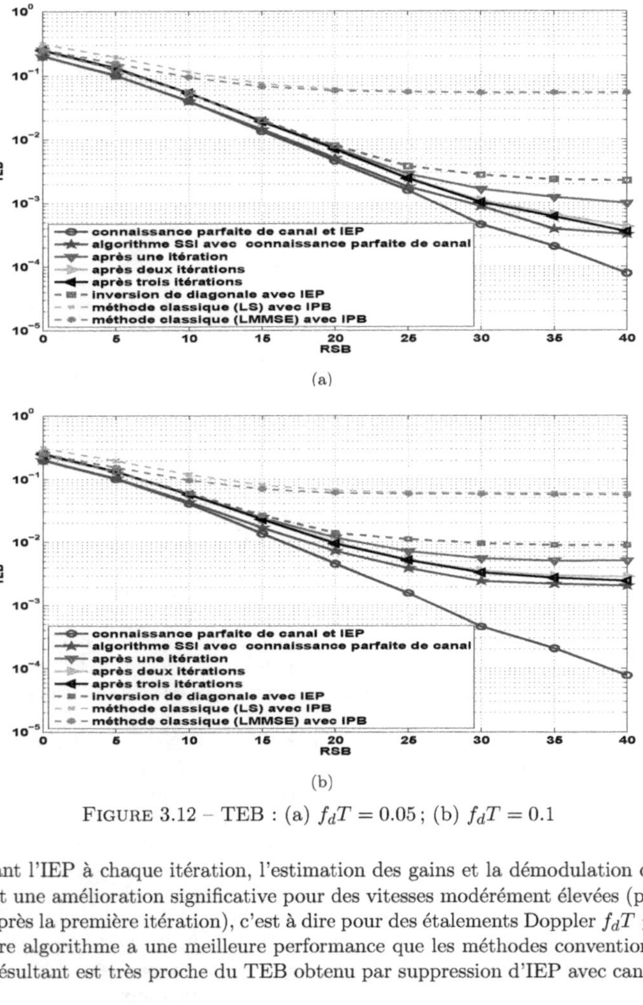

FIGURE 3.12 – TEB : (a) $f_dT = 0.05$; (b) $f_dT = 0.1$

supprimant l'IEP à chaque itération, l'estimation des gains et la démodulation cohérente apportent une amélioration significative pour des vitesses modérément élevées (particulièrement après la première itération), c'est à dire pour des étalements Doppler $f_dT \leq 0.1$. De plus, notre algorithme a une meilleure performance que les méthodes conventionnelles et le TEB résultant est très proche du TEB obtenu par suppression d'IEP avec canal connu.

3.6 Algo. 2 : approximation polynomiale à partir des valeurs moyennes

3.6.1 Motivation

L'algorithme présenté précédemment (Algorithme 1) a donné satisfaction pour les vitesses visées dans ce chapitre. Cependant, nous avons voulu en diminuer un peu la complexité calculatoire en présentant un deuxième algorithme voisin (présenter en détail dans les sections suivantes). Nous nous baserons maintenant sur une approximation polynomiale (au temps échantillon T_s) pour l'évolution des gains du processus de Rayleigh sur une séquence de K symboles OFDM. Le chapitre 2 nous avait déjà éclairé sur la très bonne adéquation de l'approximation polynomiale. Mais nous allons préciser maintenant comment pour des vitesses modérées, l'approximation polynomiale peut naturellement être construite sur une séquence de K symboles OFDM au lieu d'un seul d'une part, et seulement à partir de la connaissance des valeurs moyennes (estimées sur chacun des symboles du bloc) d'autre part.

Soit $\boldsymbol{\alpha}_l = \left[\alpha_l(-N_gT_s), ..., \alpha_l\big((vN_c - N_g - 1)T_s\big)\right]^T$ le gain complexe échantillonné du l-ème trajet durant N_c symboles OFDM et $\overline{\boldsymbol{\alpha}}_l = \left[\overline{\alpha}_l^{(1)}, ..., \overline{\alpha}_l^{(N_c)}\right]^T$ où $\overline{\alpha}_l^{(d)}$ est la moyenne temporelle calculée sur la durée effective du d-ème symbole OFDM du l-ème gain complexe, donnée par :

$$\overline{\alpha}_l^{(d)} = \frac{1}{N}\sum_{q=0}^{N-1} \alpha_l\big((q + (d-1)v)T_s\big) \tag{3.57}$$

Dans cette section, on va démontrer que pour un étalement Doppler relativement fort ($i.e$, $f_dT \leq 0.1$), on a les deux propriétés suivantes :

• Chaque gain complexe échantillonné $\boldsymbol{\alpha}_l$ durant N_c symboles OFDM peut être approximé par un modèle polynomial contenant N_c coefficients $\mathbf{c}_l = \left[c_{1,l}, ..., c_{N_c,l}\right]^T$ ($i.e.$, un polynôme de degré $(N_c - 1)$).
• Une bonne approximation polynomiale peut être obtenue en calculant les N_c coefficients du polynôme seulement à partir des valeurs moyennes $\overline{\boldsymbol{\alpha}}_l$.

En effet, en utilisant la méthode des moindres carrés (régression polynomiale) [cont], le polynôme optimal $\boldsymbol{\alpha}_{\mathbf{opt}_l}$ et ses N_c coefficients $\mathbf{c}_{\mathbf{opt}_l}$ sont donnés par (voir le calcul détaillé dans l'annexe B) :

$$\boldsymbol{\alpha}_{\mathbf{opt}_l} = \mathbf{Q'}^T \mathbf{c}_{\mathbf{opt}_l} = \mathbf{S'}\boldsymbol{\alpha}_l \tag{3.58}$$

$$\mathbf{c}_{\mathbf{opt}_l} = \left(\mathbf{Q'}\mathbf{Q'}^T\right)^{-1}\mathbf{Q'}\boldsymbol{\alpha}_l \tag{3.59}$$

où $\mathbf{Q'}$ est une matrice de taille $N_c \times vN_c$ dont les éléments sont définis par :

$$[\mathbf{Q'}]_{k,m} = (m - N_g - 1)^{(k-1)} \tag{3.60}$$

et $\mathbf{S'} = \mathbf{Q'}^T\left(\mathbf{Q'}\mathbf{Q'}^T\right)^{-1}\mathbf{Q'}$ est une matrice de taille $vN_c \times vN_c$. Ce polynôme est celui qui fournit l'erreur quadratique moyenne minimale (MMSE) dans l'approximation durant N_c symboles OFDM par un polynôme de N_c coefficients. Cette MMSE est donnée par (voir le calcul dans le chapitre 2, section 2.2) :

$$\begin{aligned} \mathrm{MMSE}_l &= \frac{1}{vN_c}\mathrm{E}\big[(\boldsymbol{\alpha}_l - \boldsymbol{\alpha}_{\mathbf{opt}_l})^H(\boldsymbol{\alpha}_l - \boldsymbol{\alpha}_{\mathbf{opt}_l})\big] \\ &= \frac{1}{vN_c}\mathrm{Tr}\left((\mathbf{I}_{vN_c} - \mathbf{S'})\mathbf{R}_{\boldsymbol{\alpha}_l}(\mathbf{I}_{vN_c} - \mathbf{S'}^T)\right) \end{aligned} \tag{3.61}$$

où $\mathbf{R}_{\boldsymbol{\alpha}_l} = \mathrm{E}\left[\boldsymbol{\alpha}_l\boldsymbol{\alpha}_l^H\right]$ est la matrice de corrélation de $\boldsymbol{\alpha}_l$ de taille $vN_c \times vN_c$ dont les éléments sont définis par :

$$[\mathbf{R}_{\boldsymbol{\alpha}_l}]_{k,m} = \sigma_{\alpha_l}^2 J_0\Big(2\pi f_dT_s(k-m)\Big) \tag{3.62}$$

Notre objectif maintenant est de trouver l'approximation polynomiale de N_c coefficients, basée sur la connaissance de $\overline{\boldsymbol{\alpha}}_l$. Ce polynôme désiré $\boldsymbol{\alpha}_{\mathbf{dés}_l}$ et ses coefficients $\mathbf{c}_{\mathbf{dés}_l}$ sont donnés par :

$$\boldsymbol{\alpha}_{\mathbf{dés}_l} = \mathbf{Q'}^T \mathbf{c}_{\mathbf{dés}_l} = \mathbf{V}\,\overline{\boldsymbol{\alpha}}_l \tag{3.63}$$

$$\mathbf{c}_{\mathbf{dés}_l} = \mathbf{T}^{-1}\overline{\boldsymbol{\alpha}}_l \tag{3.64}$$

où $\mathbf{T}$ est la matrice de transfert pour passer de $\mathbf{c}_{\mathbf{dés}_l}$ à $\overline{\boldsymbol{\alpha}}_l$, de taille $N_c \times N_c$, et$\mathbf{V} = \mathbf{Q}^T\mathbf{T}^{-1}$. Par exemple pour $N_c = 3$, $\mathbf{T}$ est donnée par :

$$\mathbf{T} = \begin{bmatrix} 1 & \frac{N-1}{2} & \frac{(N-1)(2N-1)}{6} \\ 1 & \frac{N-1}{2}+v & \frac{(N-1)(2N-1)}{6}+(N-1)v+v^2 \\ 1 & \frac{N-1}{2}+2v & \frac{(N-1)(2N-1)}{6}+2(N-1)v+4v^2 \end{bmatrix} \tag{3.65}$$

Notons que, pour $N_c = 2$, la matrice de transfert résultante est la matrice de taille 2×2 issu du bloc supérieur gauche de la précédente matrice $\mathbf{T}$ (définie pour $N_c = 3$). L'erreur quadratique moyenne (EQM) pour ce modèle polynomial est donnée par :

$$\begin{aligned} \mathrm{EQM}_{\mathrm{dés}_l} &= \frac{1}{vN_c}\mathrm{E}\big[\mathbf{e}_{\mathbf{dés}_l}\mathbf{e}_{\mathbf{dés}_l}^H\big] \\ &= \frac{1}{vN_c}\mathrm{Tr}\Big(\mathbf{R}_{\boldsymbol{\alpha}_l} + \mathbf{V}\,\mathbf{R}_{\overline{\boldsymbol{\alpha}}_l}\mathbf{V}^T - \mathbf{R}_{\boldsymbol{\alpha}_l\overline{\boldsymbol{\alpha}}_l}\mathbf{V}^T - \mathbf{V}\,\mathbf{R}_{\boldsymbol{\alpha}_l\overline{\boldsymbol{\alpha}}_l}^H\Big) \end{aligned} \tag{3.66}$$

où $\mathbf{e}_{\mathbf{dés}_l} = \boldsymbol{\alpha}_l - \boldsymbol{\alpha}_{\mathbf{dés}_l}$ est l'erreur du modèle, $\mathbf{R}_{\overline{\boldsymbol{\alpha}}_l}$ est la matrice de corrélation de $\overline{\boldsymbol{\alpha}}_l$ de taille $N_c \times N_c$ et $\mathbf{R}_{\boldsymbol{\alpha}_l\overline{\boldsymbol{\alpha}}_l}$ est la matrice de corrélation entre $\boldsymbol{\alpha}_l$ et $\overline{\boldsymbol{\alpha}}_l$ de taille $vN_c \times N_c$, dont les éléments sont donnés par :

$$[\mathbf{R}_{\overline{\boldsymbol{\alpha}}_l}]_{k,m} = \frac{\sigma_{\alpha_l}^2}{N^2}\sum_{q_1=(k-1)v}^{kv-N_g-1}\ \sum_{q_2=(m-1)v}^{mv-N_g-1} J_0\Big(2\pi f_d T_s(q_1-q_2)\Big) \tag{3.67}$$

$$[\mathbf{R}_{\boldsymbol{\alpha}_l\overline{\boldsymbol{\alpha}}_l}]_{k,m} = \frac{\sigma_{\alpha_l}^2}{N}\sum_{q=(m-1)v}^{mv+N_g-1} J_0\Big(2\pi f_d T_s(k-q-N_g-1)\Big) \tag{3.68}$$

La figure 3.13 représente l'erreur quadratique moyenne minimale (MMSE) et l'erreur quadratique moyenne avec le polynôme désiré ($\mathrm{EQM}_{\mathrm{dés}}$), moyennées sur tous les trajets d'un canal normalisé en puissance ($\sum_{l=1}^{L=6}\sigma_{\alpha_l}^2 = 1$), en fonction de l'étalement Doppler f_dT pour différentes valeurs de N_c. On remarque qu'on a $\mathrm{EQM}_{\mathrm{dés}} \approx \mathrm{MMSE}$ et, pour $f_dT \leq 0.1$ et $N_c = 2$, $\mathrm{EQM}_{\mathrm{dés}} \leq 10^{-4}$. Ceci prouve que, jusqu'à de relativement fortes valeurs de f_dT (*i.e*, $f_dT \leq 0.1$), on peut approximer $\boldsymbol{\alpha}_l$ par un modèle polynomial de N_c coefficients et on peut calculer ce polynôme en utilisant seulement les valeurs moyennes temporelles $\overline{\boldsymbol{\alpha}}_l$.

Sous cette approximation polynomiale, la matrice de canal (voir équation (3.2)) pour le n-ème symbole des N_c symboles OFDM peut être définie simplement comme suit (le calcul détaillé est similaire à celui de l'annexe C) :

$$\mathbf{H}_{(d)} = \frac{1}{N}\sum_{d'=1}^{N_c}\mathbf{B}_{(d,d')} \tag{3.69}$$

$$\mathbf{B}_{(d,d')} = \mathbf{M}_{(d,d')}\ \mathrm{diag}\{\mathbf{F}\boldsymbol{\chi}_{d'}\} \tag{3.70}$$

où $\boldsymbol{\chi}_{d'} = \Big[c_{d',1}, ..., c_{d',L}\Big]^T$, $\mathbf{F}$ est la matrice de TF (calibrée selon les retards des trajets) de taille $N \times L$ donnée par (1.30) et $\mathbf{M}_{(d,d')}$ est la matrice de taille $N \times N$ donnée par :

$$\big[\mathbf{M}_{(d,d')}\big]_{k,m} = \sum_{q=0}^{N-1}\big(q+(d-1)v\big)^{d'-1}\, e^{j2\pi\frac{m-k}{N}q} \tag{3.71}$$

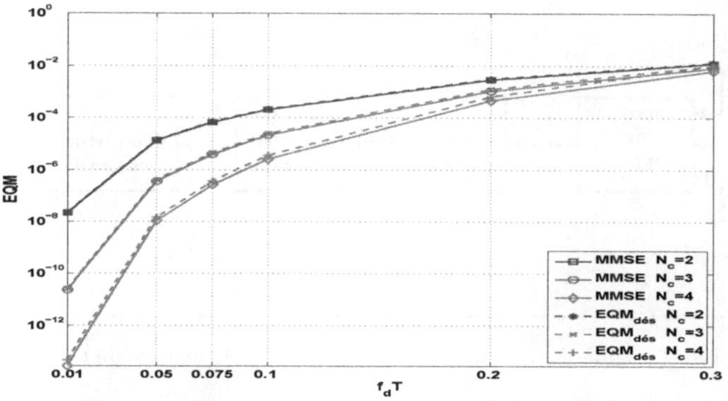

FIGURE 3.13 – Comparaison entre MMSE et EQM$_{\text{dés}}$ pour un canal normalisé de $L = 6$ trajets

où d et $d' \in [1, N_c]$. Notons que les termes de la matrice $\mathbf{M}_{(d,d')}$ peuvent être calculés et stockés facilement à partir des propriétés des séries entières. Cette représentation simplifiée de la matrice de canal va être utilisée dans cet algorithme comme décrit dans la prochaine section.

3.6.2 Estimation des coefficients du polynôme

Soit $\mathbf{C_{des}} = [\mathbf{c_{des}}_1, ..., \mathbf{c_{des}}_L]$ et $\boldsymbol{\mathcal{A}} = [\overline{\alpha}_1, ..., \overline{\alpha}_L]$ deux matrices de tailles $N_c \times L$ qui contiennent respectivement les coefficients des polynômes désirés et les valeurs moyennes temporelles (calculées sur chaque symbole) de tous les trajets du canal durant N_c symboles OFDM.

En estimant par l'estimateur LS (voir section 3.3) le vecteur des valeurs moyennes des différents trajets $\boldsymbol{a}_{(n)} = \left[\overline{\alpha}_1^{(n)}, ..., \overline{\alpha}_L^{(n)}\right]^T$ pour N_c symboles OFDM consécutifs, on obtient une version estimée de la matrice $\boldsymbol{\mathcal{A}}$ que l'on nomme $\boldsymbol{\mathcal{A}}_{\mathbf{LS}} = [\overline{\alpha}_{\mathbf{LS}_1}, ..., \overline{\alpha}_{\mathbf{LS}_L}]$.

En utilisant l'équation de transfert définie par (3.64), on obtient finalement une estimation de la matrice des coefficients désirés $\mathbf{C_{des}}$ donnée par :

$$\hat{\mathbf{C}}_{\mathbf{des}} = \mathbf{T}^{-1}\boldsymbol{\mathcal{A}}_{\mathbf{LS}} \tag{3.72}$$

avec $\hat{\mathbf{C}}_{\mathbf{des}} = [\hat{\mathbf{c}}_{\mathbf{des}_1}, ..., \hat{\mathbf{c}}_{\mathbf{des}_L}]$.

3.6.3 Algorithme itératif

Dans l'algorithme itératif pour l'estimation de canal et la suppression d'IEP, les symboles OFDM sont groupés en blocs de N_c symboles OFDM chacun. De même, le synoptique général de cet algorithme itératif est le même que celui du premier algorithme donné par la figure 3.4, où $\{r_{(k)}[q]\}$ est le signal échantillonné reçu sans préfixe cyclique. Comme on l'a décrit précédemment, l'algorithme complet est formé de deux modes : mode d'estimation et mode de détection. Le première mode engendre une estimation des N_c coefficients des polynômes désirés, $\mathbf{C_{des}}$, suivant l'estimateur LS et un calcul de la matrice de canal comme représenté sur la figure 3.14. Le second mode utilise la méthode SSI pour la détection des symboles de donnée (voir section 3.4). L'algorithme est exécuté en deux étapes : une étape

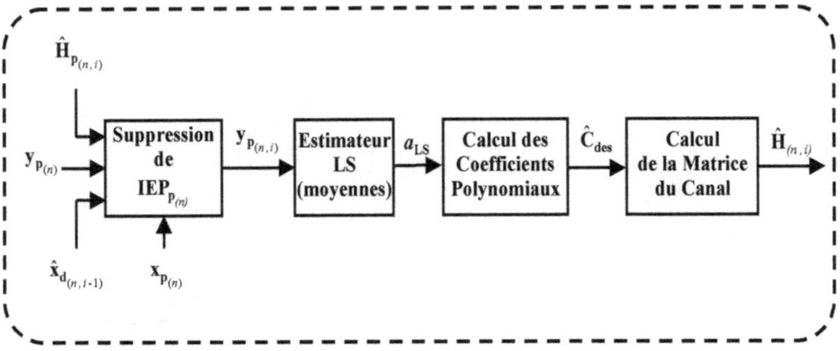

FIGURE 3.14 – Le diagramme de l'estimateur de la matrice du canal

d'initialisation et une étape de glissement ("'sliding stage"). L'étape d'initialisation s'applique seulement au premier bloc reçu de N_c symboles OFDM (*i.e.* $n = 1, ..., N_c$), alors que l'étape de glissement s'applique à chaque symbole OFDM suivant reçu (*i.e.* $n > N_c$), tout en utilisant les $(N_c - 1)$ valeurs moyennes précédemment estimées (avec IEP réduite). Les étapes d'initialisation et de glissement procèdent comme suit :

initialisation :
$i \leftarrow 1$
si (étape d'initialisation);
$\mathbf{Y}_{\mathbf{p}_{(i)}} = [\mathbf{y}_{\mathbf{p}_{(1,i)}}, ..., \mathbf{y}_{\mathbf{p}_{(N_c,i)}}]$ avec $\mathbf{y}_{\mathbf{p}_{(n,i)}} = \mathbf{y}_{\mathbf{p}_{(n)}}$ et $n = 1, ..., N_c$

si (étape de glissement);
$n \leftarrow n + 1$
$\left\{[\mathbf{A_{LS}}]_{k,m},\ k = 1, .., N_c - 1\right\} = \left\{[\mathbf{A_{LS}}]_{k,m},\ k = 2, .., N_c\right\}$
$\mathbf{y}_{\mathbf{p}_{(n,i)}} = \mathbf{y}_{\mathbf{p}_{(n)}}$

récursion :
1) *si* (étape d'initialisation); $\mathbf{A}_{\mathbf{LS}}^T = \mathbf{G}\mathbf{Y}_{\mathbf{p}_{(i)}}$
si (étape de glissement); $\boldsymbol{a}_{\mathbf{LS}} = \mathbf{G}\mathbf{y}_{\mathbf{p}_{(n,i)}}$
$\left\{[\mathbf{A_{LS}}]_{N_c,m},\ m = 1, .., L\right\} = \left\{[\boldsymbol{a}_{\mathbf{LS}}]_m,\ m = 1, .., L\right\}$

2) $\hat{\mathbf{C}}_{\mathbf{des}} = \mathbf{T}^{-1}\mathbf{A_{LS}}$

3) calcul la matrice de canal en utilisant (3.69)
si (étape d'initialisation); $\hat{\mathbf{H}}_{(n,i)}$ pour $n = 1, ..., N_c$
si (étape de glissement); $\hat{\mathbf{H}}_{(N_c,i)}$

4) suppression de l'IEP due aux pilotes dans les données reçues $\mathbf{y}_{\mathbf{d}_{(n)}}$
5) détection des symboles de données $\hat{\mathbf{x}}_{\mathbf{d}_{(n,i)}}$ en utilisant la méthode SSI

6) $\mathbf{y}_{\mathbf{p}_{(n,i+1)}} = \mathbf{y}_{\mathbf{p}_{(n)}} - \hat{\mathbf{H}}_{\mathbf{p}_{(n,i)}}\hat{\mathbf{x}}_{(n,i)}$
7) $i \leftarrow i + 1$

où i représente le nombre d'itérations. Notons qu'à la fin de l'étape d'initialisation, on a $n = N_c$.

3.6.4 Complexité de l'algorithme

L'objectif de cette section est de déterminer la complexité d'implémentation en terme de nombre de multiplications nécessaires pour l'étape de glissement. Les matrices $\mathbf{F}$, $\mathbf{F_p}$, $\mathbf{G}$, $\mathbf{T}^{-1}$ et $\mathbf{M}_{(d,d')}$ sont pré-calculées et stockées si les symboles pilotes sont fixés et les retards sont invariants pour un grand nombre de symboles OFDM. La complexité de l'estimateur LS de $\boldsymbol{a}$ dans l'étape 1 est $L \times N_p$ et la complexité de l'estimation des N_c coefficients polynomiaux dans l'étape 2 est $L \times N_c^2$. Le coût calculatoire pour la formation de la matrice de canal $\mathbf{H}_{(n)}$ dans l'étape 3 est $NN_c(N+L)$, ce qui est inférieur à celui de l'algorithme 1 qui était de $LN^2(N+1)$. La complexité de suppression de l'IEP dans les étapes 4, 5 et 6 est $N_p(N-N_p)+\frac{(N-N_p)(N-N_p+1)}{2}+N_p(N-1)$. En conclusion, la complexité du premier algorithme est $O(N^3)$ (de l'ordre de N^3) et celle du deuxième algorithme est $O(N^2)$ (de l'ordre de N^2). Cette réduction significative de la complexité de calcul vis à vis du premier algorithme est principalement due au fait que le calcul de la matrice de canal est basée sur les coefficients polynomiaux : il n'y a plus nécessité de construire les variations temporelles des gains complexes par un interpolateur passe-bas.

3.6.5 Analyse de l'erreur quadratique moyenne (EQM)

Dans cette section, nous allons faire une analyse théorique des performances d'estimation des gains complexes au pas T_s en terme de l'erreur quadratique moyenne (EQM). En plus, une comparaison de l'EQM avec la Borne de Cramér-Rao (BCR) avec connaissance des symboles OFDM (DA : data-aided) sera faite.

Soit $\boldsymbol{\Delta}_\mathbf{p} = \left[\mathbf{IEP}_{\mathbf{p}_{(n-N_c+1)}}, ..., \mathbf{IEP}_{\mathbf{p}_{(n)}}\right]$ avec $\mathbf{IEP}_{\mathbf{p}_{(n)}} = \mathbf{H}_{\mathbf{p}_{(n)}}\mathbf{x}_{(n)}$ et $\mathbf{W_p} = \left[\mathbf{w}_{\mathbf{p}_{(n-N_c+1)}}, ..., \mathbf{w}_{\mathbf{p}_{(n)}}\right]$. La matrice d'erreur de l'estimateur des valeurs moyennes $\boldsymbol{a}$ durant N_c symboles OFDM est définie par :

$$\boldsymbol{\mathcal{E}} = \hat{\boldsymbol{\mathcal{A}}}^T - \boldsymbol{\mathcal{A}}^T \tag{3.73}$$

L'erreur entre le l-ème gain complexe exact $\boldsymbol{\alpha}_l$ et le l-ème polynôme désiré estimé $\hat{\boldsymbol{\alpha}}_{\mathbf{dés}_l}$ est donné par :

$$\mathbf{e}_l \;=\; \boldsymbol{\alpha}_l - \mathbf{V}\hat{\overline{\boldsymbol{\alpha}}}_l \;=\; \mathbf{e}_{\mathbf{dés}_l} - \mathbf{V}\boldsymbol{\epsilon}_l \tag{3.74}$$

où $\hat{\overline{\boldsymbol{\alpha}}}_l$ est une estimation de $\overline{\boldsymbol{\alpha}}_l$ et $\boldsymbol{\epsilon}_l^T$ est la l-ème ligne de la matrice $\boldsymbol{\mathcal{E}}$. Ainsi, l'EQM entre $\boldsymbol{\alpha}_l$ et $\hat{\boldsymbol{\alpha}}_{\mathbf{dés}_l}$ est donnée par :

$$\begin{aligned}\mathrm{EQM}_l &= \frac{1}{vN_c}\mathrm{E}[\mathbf{e}_l^H\ \mathbf{e}_l] \\ &= \mathrm{EQM}_{\mathrm{dés}_l} + \frac{1}{vN_c}\mathrm{E}\left[\boldsymbol{\epsilon}_l^H\ \mathbf{V}^H\ \mathbf{V}\ \boldsymbol{\epsilon}_l\right] - \frac{2}{vN_c}\mathrm{Re}\left(\mathrm{E}\left[\mathbf{e}_{\mathbf{dés}_l}^H\ \mathbf{V}\ \boldsymbol{\epsilon}_l\right]\right)\end{aligned} \tag{3.75}$$

Interprétons maintenant le second membre de l'équation (3.75) : la première composante est l'erreur du modèle, la deuxième composante est l'EQM du l-ème polynôme estimé et la troisième composante est le terme croisé. Il faut bien noter que si l'IEP est complètement supprimée alors les éléments de la matrice $\boldsymbol{\mathcal{E}}$ sont non corrélés entre eux, et non corrélés avec les éléments du vecteur $\mathbf{e}_{\mathbf{dés}_l}$. D'où, à partir de l'équation (3.75), on a :

$$\mathrm{EQM}_l\ (\text{sans IEP}) = \mathrm{EQM}_{\mathrm{dés}_l} + \frac{\|\mathbf{V}\|^2}{vN_c} \times \mathrm{E}\left[[\boldsymbol{\mathcal{E}}]_{l,1}[\boldsymbol{\mathcal{E}}]_{l,1}^*\right] \tag{3.76}$$

où la deuxième composante du seconde membre est l'EQM du l-ème polynôme estimé sans IEP. Cette composante est due à l'erreur de l'estimateur de $\boldsymbol{a}$ sans IEP amplifiée par un gain $\mathcal{G} = \frac{\|\mathbf{V}\|^2}{vN_c}$ lié à la modélisation polynomiale. Ainsi, la borne minimale (BM) de l'estimateur de $\boldsymbol{a}$ (sans IEP) conduit à la BM de EQM_l, (sans IEP). La borne de Cramér-Rao standard (BCRS) pour l'estimateur de $\boldsymbol{a}$ avec IEP connue est donnée par (3.45). Par conséquent, la BM de l'EQM entre $\boldsymbol{\alpha}_l$ et $\hat{\boldsymbol{\alpha}}_{\mathbf{dés}_l}$ est donnée par :

$$\text{BM}_l = \text{EQM}_{\text{dés}_l} + \mathcal{G} \times [\mathbf{BCRS}(\boldsymbol{a})]_{l,l} \tag{3.77}$$

où $\mathcal{G} = \frac{\|\mathbf{V}\|^2}{vN_c}$ est le gain d'amplification du bruit. Notons que la première composante de (3.77), $\text{EQM}_{\text{dés}_l}$, dépend de f_dT et de N_c tandis que la deuxième composante, la BM de l'EQM du l-ème polynôme estimé, dépend de $\text{RSB} = \frac{1}{\sigma^2}$ et de N_c. Par conséquent, le nombre de coefficients, N_c, doit être choisi de telle sorte qu'un compromis acceptable soit trouvé entre l'erreur du modèle et la réduction du bruit.

Dans notre cas, l'estimateur des valeurs moyennes $\boldsymbol{a}$ est l'estimateur LS (*i.e.*, $\hat{\boldsymbol{\mathcal{A}}} = \boldsymbol{\mathcal{A}}_{LS}$). D'où, les équations (3.73), (3.75) et (3.76) deviennent comme suit :

$$\boldsymbol{\mathcal{E}} = \boldsymbol{\mathcal{A}}_{LS}^T - \hat{\boldsymbol{\mathcal{A}}}^T = \mathbf{G}(\boldsymbol{\Delta}_\mathbf{p} + \mathbf{W}_\mathbf{p}) \tag{3.78}$$

$$\text{EQM}_l = \text{EQM}_{\text{dés}_l} + \frac{1}{vN_c}\mathbf{g}_l^H\Big(\mathbf{R_1} + \mathbf{R_2}\Big)\mathbf{g}_l - \frac{2}{vN_c}\text{Re}(\mathbf{r_3}^T\mathbf{g}_l) \tag{3.79}$$

$$\text{EQM}_l \text{ (sans IEP)} = \text{EQM}_{\text{dés}_l} + \frac{1}{vN_c}\mathbf{g}_l^H\mathbf{R_1}\mathbf{g}_l \tag{3.80}$$

car le bruit et l'IEP sont non corrélés. $\mathbf{g}_l^T$ est la $l$ème ligne de la matrice $\mathbf{G}$. De plus $\mathbf{R_1}$, $\mathbf{R_2}$ et $\mathbf{r_3}$ sont définis par :

$$\mathbf{R_1} = \text{E}\Big[\mathbf{W}_\mathbf{p}^*\mathbf{V}^H\mathbf{V}\mathbf{W}_\mathbf{p}^T\Big] = \sigma^2\|\mathbf{V}\|^2\mathbf{I}_{N_p} \tag{3.81}$$

$$\mathbf{R_2} = \text{E}\Big[\boldsymbol{\Delta}_\mathbf{p}^*\mathbf{V}^H\mathbf{V}\boldsymbol{\Delta}_\mathbf{p}^T\Big] \tag{3.82}$$

$$\mathbf{r_3} = \text{E}\Big[\boldsymbol{\Delta}_\mathbf{p}\mathbf{V}^T\mathbf{e}_{\mathbf{dés}_l}^*\Big] \tag{3.83}$$

Notons que, dans le cas où l'IEP est complètement supprimée, $\mathbf{R_2}$ et $\mathbf{r_3}$ sont respectivement une matrice et un vecteur nuls. En utilisant la décomposition du terme $\mathbf{IEP}_{\mathbf{p}_{(n)}}$ donnée par (3.27) et le fait que les symboles de données et les éléments $\big[\mathbf{H}_{(n)}\big]_{k,m}$ sont non corrélés, la matrice $\mathbf{R_2}$ peut s'écrire comme suit :

$$\mathbf{R_2} = \mathbf{R_{pp}} + \mathbf{R_{dd}} \tag{3.84}$$

avec $\mathbf{R_{pp}}$ et $\mathbf{R_{dd}}$ sont deux matrices de taille $N_p \times N_p$ définies par :

$$\mathbf{R_{pp}} = \text{E}\big[\boldsymbol{\Delta}_\mathbf{pp}^*\mathbf{V}^H\mathbf{V}\boldsymbol{\Delta}_\mathbf{pp}^T\big] \tag{3.85}$$

$$\mathbf{R_{dd}} = \text{E}\big[\boldsymbol{\Delta}_\mathbf{dd}^*\mathbf{V}^H\mathbf{V}\boldsymbol{\Delta}_\mathbf{dd}^T\big] \tag{3.86}$$

où $\boldsymbol{\Delta}_\mathbf{pp} = \big[\mathbf{IEP}_{\mathbf{pp}_{(n-N_c+1)}}, ..., \mathbf{IEP}_{\mathbf{pp}_{(n)}}\big]$ et $\boldsymbol{\Delta}_\mathbf{dd} = \big[\mathbf{IEP}_{\mathbf{dd}_{(n-N_c+1)}}, ..., \mathbf{IEP}_{\mathbf{dd}_{(n)}}\big]$. Les symboles de données sont normalisés et non corrélés (*i.e.* $\text{E}\Big[x_{(u_1)}[d_1]x_{(u_2)}^*[d_2]\Big] = \delta_{d_1,d_2}\delta_{u_1,u_2}$), d'où les éléments $[\mathbf{R_{pp}}]_{k,m}$, $[\mathbf{R_{dd}}]_{k,m}$ et $[\mathbf{r_3}]_k$, avec $k, m \in [1, N_p]$, peuvent être ainsi calculés :

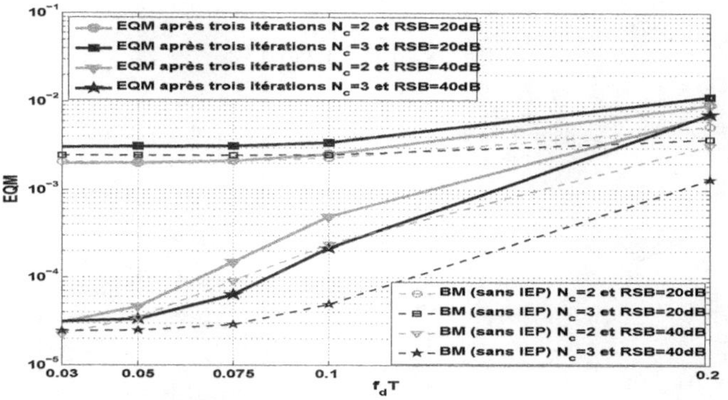

FIGURE 3.15 – Comparison de l'EQM, pour $N_c = 2$ et 3 avec RSB = 20dB et 40dB

$$[\mathbf{R_{pp}}]_{k,m} = \sum_{u=1}^{vN_c}\sum_{u_1=1}^{N_c}\sum_{u_2=1}^{N_c}[\mathbf{V}]_{u,u_1}[\mathbf{V}]_{u,u_2}\left[\mathbf{Z}_{\mathbf{p}(k,m)}\right]_{u_1,u_2} \tag{3.87}$$

$$[\mathbf{R_{dd}}]_{k,m} = \sum_{u=1}^{vN_c}\sum_{u_1=1}^{N_c}\sum_{u_2=1}^{N_c}[\mathbf{V}]_{u,u_1}[\mathbf{V}]_{u,u_2}\left[\mathbf{Z}_{\mathbf{d}(k,m)}\right]_{u_1,u_2} \tag{3.88}$$

$$[\mathbf{r_3}]_k = \mathrm{E}\left[\sum_{u=1}^{vN_c}\sum_{u_1=1}^{N_c}[\mathbf{V}]_{u,u_1}\left[\mathbf{Z_1}_{(k)}\right]_{u,u_1}\right] - \mathrm{E}\left[\sum_{u=1}^{vN_c}\sum_{u_1=1}^{N_c}\sum_{u_2=1}^{N_c}[\mathbf{V}]_{u,u_1}[\mathbf{V}]_{u,u_2}\left[\mathbf{Z_2}_{(k)}\right]_{u_1,u_2}\right] \tag{3.89}$$

où $\left[\mathbf{Z}_{\mathbf{p}(k,m)}\right]_{u_1,u_2}$, $\left[\mathbf{Z}_{\mathbf{d}(k,m)}\right]_{u_1,u_2}$, $\left[\mathbf{Z_1}_{(k)}\right]_{u,u_1}$ et $\left[\mathbf{Z_2}_{(k)}\right]_{u_1,u_2}$ sont donnés en annexe J. Notons que les éléments de $\mathbf{R_2}$ et $\mathbf{r_3}$ dépendent des symboles pilotes connus. Il est facile à démonter qu'on a :

$$\begin{cases} \mathrm{EQM}_l \text{ (avec IEP)} > \mathrm{BM}_l \\ \mathrm{EQM}_l \text{ (sans IEP)} = \mathrm{BM}_l \end{cases} \tag{3.90}$$

Ainsi, en estimant et en enlevant l'IEP itérativement, EQM_l doit se rapprocher de BM_l.

3.6.6 Simulation

Dans cette section, la théorie décrite ci-dessus est validée par simulation, et la performance de l'algorithme itératif est testée. Les performances en terme d'erreur quadratique moyenne (EQM) et de taux d'erreur binaire (TEB) sont examinées en fonction du rapport signal sur bruit (RSB) et de de l'étalement Doppler normalisé (f_dT) pour le canal normalisé de type Rayleigh avec $L = 6$ trajets dont les paramètres sont résumés dans le tableau 1.1. On considère toujours un système OFDM normalisé à modulation 4-QAM tel que $N = 128$ sous-porteuses, $N_g = \frac{N}{8}$ échantillons de garde, $N_p = 16$ pilotes (*i.e.*, $L_f = 8$). Le TEB est évalué pour un canal à variations temporelles moyennes tel que $f_dT = 0.05$ et $f_dT = 0.1$ correspondant respectivement à des vitesses de véhicules $V_m = 140km/h$ et $V_m = 280km/h$ pour $f_0 = 5GHz$.

N_c	2	3	4
$\mathcal{G} = \frac{\|\mathbf{V}\|^2}{vN_c}$	1.17	1.39	1.73

TABLE 3.1 – Le gain $\mathcal{G}$ dans l'expression (3.77) avec $N = 128$ et $N_g = 16$

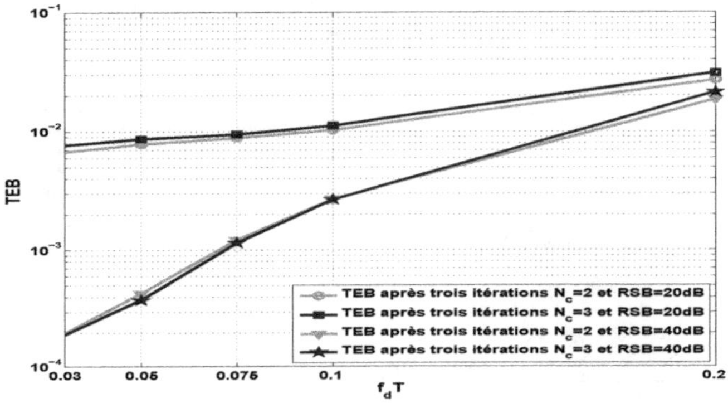

FIGURE 3.16 – Comparaison du TEB, pour $N_c = 2$ et 3 avec RSB = 20dB et 40dB

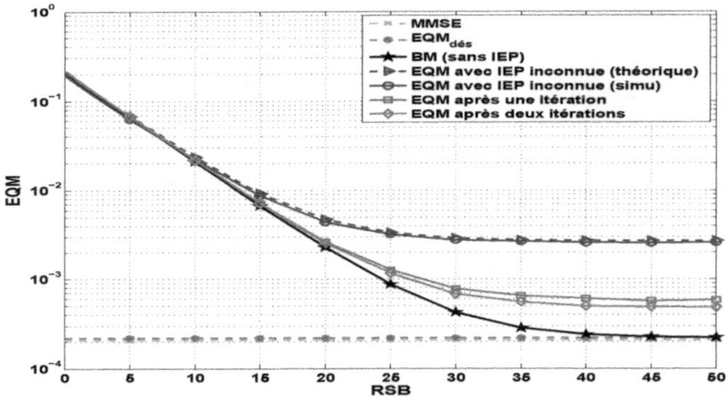

FIGURE 3.17 – EQM de l'approximation polynomiale avec $f_dT = 0.1$ et $N_c = 2$

La figure 3.15 présente une comparaison de l'EQM entre le gain complexe exact et le polynôme estimé, en fonction de f_dT pour $N_c = 2$ et 3 avec RSB = 20dB et 40dB. On a observé que pour des valeurs modérées du RSB, l'approximation acquise avec $N_c = 2$ coefficients est meilleure que celle obtenue avec $N_c = 3$ coefficients. Cependant, pour des valeurs élevées du RSB, une tendance opposée est observée. Ceci est dû à la composante relative au bruit dans l'équation (3.79), et au troisième coefficient qui est mal estimé, spécialement dans le cas de faibles RSB, car il est négligeable comparé au niveau de bruit (voir figure 2.4 dans chapitre 2). Cependant, cette différence entre les EQM n'a pas une

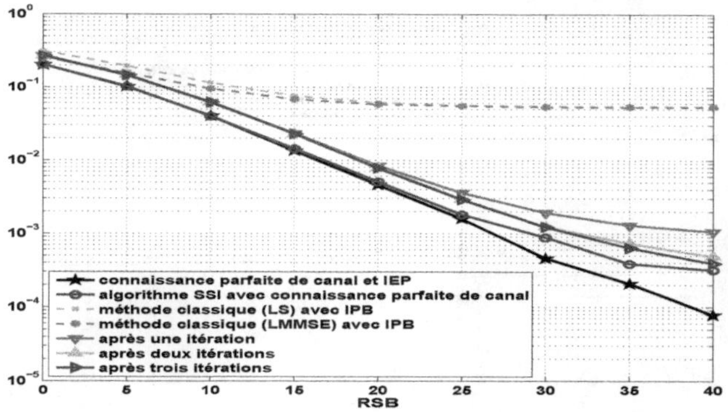

(a)

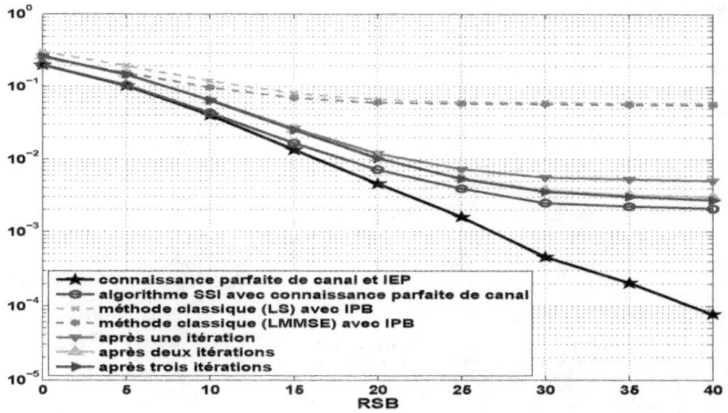

(b)

FIGURE 3.18 – TEB : (a) $f_dT = 0.05$; (b) $f_dT = 0.1$

grande influence sur le TEB, comme on peut le voir sur la figure 3.16.

La figure 3.17 illustre l'évolution de l'EQM, avec la progression du nombre d'itérations, en fonction du RSB pour $f_dT = 0.1$ et $N_c = 2$. On constate qu'en présence de toute l'IEP, l'EQM obtenue par simulation s'accorde avec la valeur théorique donnée en (3.79). Après juste une itération, une grande amélioration est réalisée et l'EQM est très proche de la BM (borne minimale) de notre algorithme, spécialement dans les régions de faible et modéré RSB. En effet, pour les faibles RSB le bruit est dominant par rapport au niveau de l'IEP, cependant pour de forts RSB, l'IEP n'est pas complètement supprimée à cause des erreurs de détection des symboles de données. La figure 3.17 montre aussi que, pour $f_dT = 0.1$ et RSB $\leq$ 30dB, l'EQM du polynôme d'approximation, $\text{EQM}_{\text{dés}}$, est négligeable, et la principale contribution de l'EQM est celle produite par l'estimateur LS. Dans ce cas, selon (3.77), on a en effet $\text{BM}_l \approx \mathcal{G} \times [\mathbf{BCRS}(\boldsymbol{a})]_{l,l}$ car $\text{EQM}_{\text{dés}}$ est négligeable comparé à la BCRS, comme on peut le voir en comparant la figure 3.13 à la figure 3.7. Pour trouver la plus petite BM possible, on a donc besoin de choisir $N_c = 2$ coefficients, puisque $\mathcal{G}$ croit

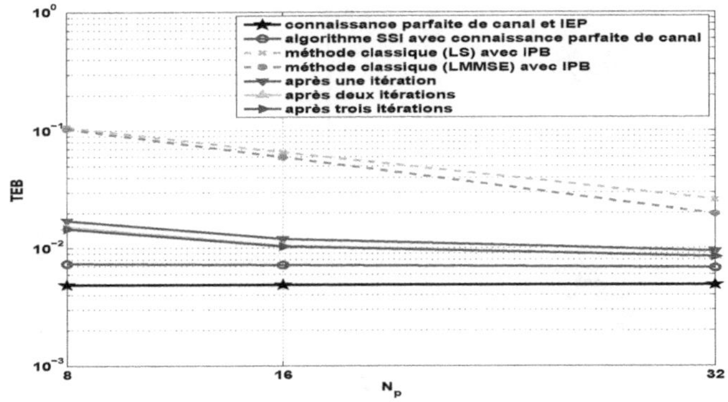

FIGURE 3.19 – TEB en fonction du nombre de pilotes N_p, pour $f_dT = 0.1$, $N_c = 2$ et RSB = 20dB

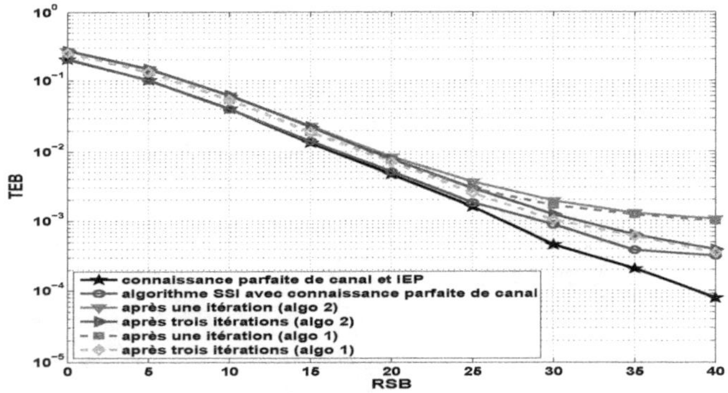

FIGURE 3.20 – Comparaison entre algo 1 et algo 2 avec $f_dT = 0.05$ et $N_c = 2$

en fonction de N_c comme montré dans le tableau 3.1. Cependant, pour des forts RSB, BM tend asymptotiquement vers $\text{EQM}_{\text{dés}}$, ce qui signifie que la plus petite BM possible va être acquise quand $N_c > 2$.

La figure 3.18 donne le TEB de notre algorithme, avec $N_c = 2$ comparé aux TEB des méthodes classiques ou conventionnelles (LS et LMMSE avec interpolation passe-bas (IPB)) [Hsie 98] [Cole 02] [Zhao 97] et au TEB obtenu par l'algorithme SSI avec canal connu pour $f_dT = 0.05$ en (a) et $f_dT = 0.1$ en (b). Comme référence, on a également tracé le TEB obtenu avec une connaissance parfaite de canal et d'IEP. Ces résultats prouvent que, avec l'IEP inconnue, notre algorithme a une meilleure performance que les méthodes conventionnelles. De plus, quand on commence la suppression d'interférence notre algorithme montre une amélioration du Taux d'Erreur Binaire après chaque itération, grâce à l'amélioration de l'estimation de l'IEP. Après deux itérations, le TEB de notre algorithme est très proche du TEB obtenu par suppression d'IEP avec canal connu. Pour de forts RSB, on retrouve un plancher dû surtout aux erreurs de décision de l'égaliseur et non à

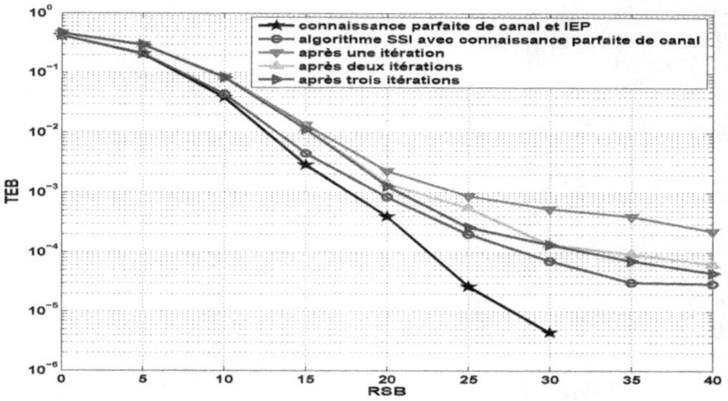

FIGURE 3.21 – TEB avec le code convolutif de la norme IEEE802.11a pour $f_dT = 0.1$ et $N_c = 2$

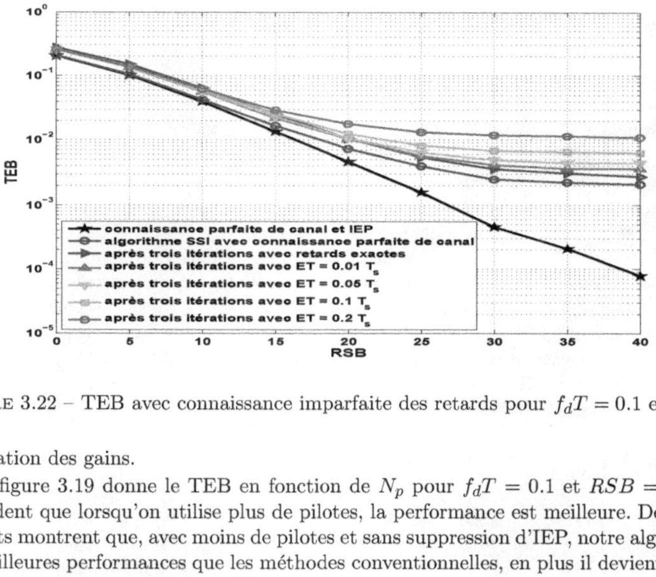

FIGURE 3.22 – TEB avec connaissance imparfaite des retards pour $f_dT = 0.1$ et $N_c = 2$

l'estimation des gains.

La figure 3.19 donne le TEB en fonction de N_p pour $f_dT = 0.1$ et $RSB = 20dB$. Il est évident que lorsqu'on utilise plus de pilotes, la performance est meilleure. De plus, les résultats montrent que, avec moins de pilotes et sans suppression d'IEP, notre algorithme a des meilleures performances que les méthodes conventionnelles, en plus il devient meilleur en commençant la suppression d'IEP.

La figure 3.20 donne une comparaison entre les deux algorithmes proposés pour $f_dT = 0.05$ et $N_c = 2$, en terme de TEB. On observe que les performances des deux algorithmes sont presque identiques. Ceci donne l'avantage à l'Algorithme 2 car sa complexité a été réduite par rapport à celle de l'Algorithme 1.

Pour compléter l'étude, la figure 3.21 montre le TEB de notre algorithme (pour $N_c = 2$ et $f_dT = 0.1$), lorsqu'on utilise un codage de canal standard de la norme IEEE802.11a [Tang 05]. L'encodeur convolutif est de rendement 1/2 et de polynôme générateur $P_0 =$

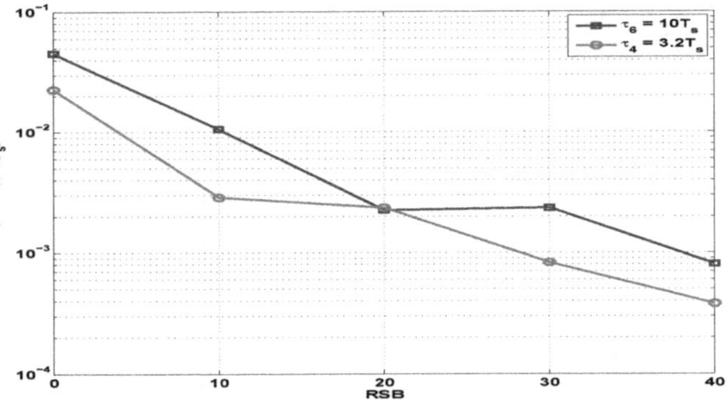

FIGURE 3.23 – Erreur d'estimation des retards pour les 4-ème et 6-ème trajets en utilisant la technique ESPRIT (la matrice de corrélation estimée est moyennée sur 1000 symboles OFDM, *i.e*, 0.072sec), avec $f_dT = 0.1$

133_8 et $P_1 = 171_8$. L'entrelaceur est un entrelaceur de bits par blocs de 16 lignes et 14 colonnes. On peut ainsi mesurer l'amélioration significative du TEB due au codage de canal. On note que pour les forts RSB il y a toujours un plancher d'erreur dû aux erreurs résiduelles de détection des symboles de donnée.

Enfin, puisque nous avons supposé jusqu'à présent que les retards du canal étaient parfaitement estimés, nous allons nous intéresser maintenant à la validité de cette hypothèse, et avant à la sensibilité de notre algorithme aux erreurs d'estimation des délais.

La figure 3.22 donne le TEB après trois itérations de notre algorithme itératif, pour $N_c = 2$ et $f_dT = 0.1$, avec une connaissance imparfaite des retards. ET représente l'écart type des erreurs sur la connaissance des retards, les erreurs étant modélisées par une variable Gaussienne centrée. On peut noter que l'algorithme n'est pas très sensible à une erreur de retard ET$< 0.1T_s$, représentant 10 pourcent de la période échantillon. Or en utilisant la technique ESPRIT [Yang 01] pour estimer les retards, nous avons obtenu ET$<$ $0.05T_s$, pour toutes les valeurs de RSB comme montré sur la figure 3.23. En combinant ainsi la technique ESPRIT à notre algorithme d'estimation des gains complexes, on a donc une sensibilité négligeable aux erreurs d'estimation des retards.

3.6.7 Conclusion

Dans cette partie, on a présenté un algorithme itératif de complexité modéré pour estimer les coefficients polynomiaux des gains complexes d'un canal à trajets multiples et supprimer ainsi l'IEP dans un système OFDM. Les variations temporelles modérées des gains complexes ont été obtenues en exploitant l'invariance des retards des trajets (sur plusieurs symboles OFDM), supposés parfaitement estimés. Le bien fondé de cette hypothèse a été vérifiée par simulation. L'analyse théorique et les résultats de simulation de notre algorithme montrent que, en estimant et en supprimant l'IEP à chaque itération, l'estimation des gains et la démodulation cohérente apportent une amélioration significative pour des vitesses relativement élevées (particulièrement après la première itération). De plus, cet algorithme (Algorithme 2) présente quasiment les mêmes performances que l'Algorithme 1, avec un avantage au niveau de la complexité.

3.7 Conclusion et perspectives

Dans ce chapitre, nous avons développé deux algorithmes itératifs d'estimation des variations temporelles des gains complexes pour un canal de type Rayleigh, et de suppression d'IEP. Ces deux algorithmes sont basés sur les valeurs moyennes des gains complexes qui sont estimées par un estimateur LS, et ils utilisent la méthode SSI pour estimer les symboles de données. Le premier algorithme proposé dans [Hija 07c], puis analysé dans [Hija 07b] [Hija 07a] [Hija 09d] utilise le fait que la valeur moyenne d'un processus de Rayleigh sur une durée T est extrêmement proche de la valeur centrale (en $T/2$) pour les vitesses modérées considérées. Ainsi, on interpole dans le domaine temporel par une interpolation passe-bas (IPB) classique. Le deuxième algorithme (proposé et analysé dans [Hija 09c] [Hija 08c]) fait une approximation polynomiale pour les variations temporelles des gains complexes sur un bloc de quelques symboles OFDM. Il calcule les coefficients des polynômes à partir seulement des valeurs moyennes estimées sur les symboles successifs du bloc. L'analyse théorique et les résultats des simulations de ces deux algorithmes ont montré de bonnes performances pour des récepteurs à vitesses modérées (*i.e.*, $f_dT \leq 0.1$). Bien qu'ils aient à peu près les mêmes performances, le deuxième algorithme est plus avantageux en terme de complexité. De plus, on a testé la sensibilité du deuxième algorithme pour des connaissances imparfaites des retards et on a trouvé, qu'en combinant la technique ESPRIT avec l'algorithme, cette sensibilité est très faible. En conclusion, on peut dire que les deux algorithmes proposés dans ce chapitre ont bien remplis leurs rôles pour les scénarios de vitesse visée, comme l'ont montré les résultats de simulation. Ils donnent des extensions intéressantes aux méthodes plus conventionnelles, avec une bonne amélioration des performances à la clef.

On peut citer néanmoins quelques perspectives d'amélioration, qui pourraient se faire évidemment au prix d'une augmentation de la complexité. On peut noter que les performances en TEB pourraient être encore améliorées en associant l'algorithme proposé pour l'estimation de canal avec un égaliseur meilleur que l'égaliseur SSI (Suppression Successive d'Interférence). En effet, nous avons vu que les performances en EQM sur l'estimation de canal restent bonnes tant que $f_dT \leq 0.1$, mais que ce sont les erreurs résiduelles de décision qui limitent les performances en TEB (quasiment celles de l'égaliseur SSI avec canal connu). Donc une première perspective d'amélioration pourrait être de trouver un égaliseur plus adéquat ou performant que l'égaliseur SSI. Nous avons vu aussi que pour les vitesses considérées, le facteur limitatif des performances d'estimation de canal provenait finalement surtout de la phase d'estimation LS des moyennes sur chaque symbole courant, plutôt que de la phase d'interpolation (passe-bas ou polynomiale). Une amélioration possible réside alors dans la possibilité d'utiliser les symboles voisins pour estimer la moyenne du symbole courant, comme le laissait pré-supposer l'étude des bornes du chapitre II. Enfin, il est clair également que pour des vitesses d'évolution du canal bien supérieures, on ne pourra plus se contenter d'algorithmes basés simplement sur les moyennes pour l'estimation des gains. Le problème devra être repris dans son ensemble, à partir du signal complet observé.

Dans le chapitre suivant, nous allons nous intéresser aux cas de très fortes variations du canal en prenant en compte les perspectives précédemment citées. Nous allons proposer un autre algorithme qui résoud le problème d'estimation des gains complexes avec un étalement Doppler élevé (*i.e.*, $f_dT > 0.1$).

Chapitre 4

Algorithme Basé sur le Filtre de Kalman et l'égaliseur QR

Sommaire

4.1 Introduction 100
4.2 Modèle Autorégressif (AR) et filtre de Kalman 101
4.2.1 Modèle AR des coefficients polynomiaux $\mathbf{c}^{(n)}$ 101
4.2.2 Filtre de Kalman 102
4.3 Détection QR des symboles de données 104
4.4 Estimation et détection conjointe 105
4.4.1 Algorithme itératif 105
4.4.2 Complexité de l'algorithme 106
4.4.3 Analyse de l'erreur quadratique moyenne (EQM) 107
4.5 Simulation 107
4.6 Conclusion 113

4.1 Introduction

Les deux algorithmes qui ont été présentés dans le chapitre précédent estiment les variations temporelles des gains complexes en utilisant les valeurs moyennes estimées. Ces valeurs moyennes sont estimées séparément par un estimateur LS durant chaque symbole OFDM (*i.e.*, la taille du bloc d'observation est $K = 1$). Comme cela a été montré dans le deuxième chapitre, une meilleure estimation peut être obtenue en utilisant les symboles OFDM précédents (*i.e.*, $K > 1$) au lieu d'utiliser seulement le symbole courant dans le processus d'estimation du canal. Un filtrage de Wiener permettrait de traiter toutes les informations précédentes pour réaliser chaque estimation. Mais en pratique on préfère les approches récursives, qui permettent une estimation séquentielle au fur à mesure que les nouvelles observations sont disponibles. Ainsi, un estimateur séquentiel LS ou MMSE fournit une nouvelle estimée à partir de l'estimée précédente et d'une correction basée sur la nouvelle observation. Lorsque l'on dispose d'un modèle dynamique des paramètres à estimer, il existe une généralisation de l'estimateur MMSE séquentiel, c'est le filtre de Kalman [Bros 97][Kay 93]. Il permet d'estimer l'état courant du système, à partir seulement de l'état précédent et de l'observation actuelle. L'estimateur récursif obtenu par le filtre de Kalman est optimal (au sens de l'EQM) dans le « cas linéaire Gaussien ». Dans le cas d'un canal de Rayleigh, on sait [Kay 93] que l'on peut construire un modèle dynamique approché d'évolution des gains complexes. Nous proposons alors une approximation linéaire basée sur une modélisation polynomiale d'ordre adéquat des gains complexes des trajets. Cela nous permettra d'estimer à l'aide d'un filtre de Kalman, non pas directement les gains complexes au pas T_s, mais seulement les coefficients des polynômes au pas $T = v.T_s$. Notons que dans la littérature, les méthodes d'estimation de canal en OFDM à base de filtres de Kalman ne prennent pas en compte généralement la variation à l'intérieur d'un symbole [Chen 04]. Plus récemment pour des variations rapides, [Bane 07] a proposé une méthode à l'aide d'un filtre de Kalman pour l'estimation des coefficients du développement sur une base de fonction (BEM) du canal discret équivalent.

Dans ce chapitre, nous allons ainsi proposer un nouvel algorithme itératif pour l'estimation conjointe des variations temporelles des gains complexes et des symboles de données. Cet algorithme estime les variations temporelles des gains complexes en exploitant (récursivement) tous les symboles OFDM précédents. Il traite le cas d'un canal de Rayleigh à très fortes variations (*i.e.*, $f_dT > 0.1$) en supposant toujours que les retards sont fixes et connus. Par contre, on testera la sensibilité de cet algorithme aux erreurs d'estimation des retards. Suite à l'étude faite dans le deuxième chapitre, la variation temporelle à l'intérieur d'un symbole OFDM de chaque gain complexe gain est modélisée par un polynôme de N_c coefficients. Ceci permet de se ramener à un modèle d'observation linéaire, tant que l'ordre du polynôme est choisi de manière adéquate, comme montré dans le chapitre 2. En se basant sur un processus de Jakes, un modèle autorégressif (AR) des *coefficients polynomiaux* est construit, ce qui permet d'estimer les coefficients en utilisant un filtre de Kalman. Ainsi, la matrice du canal pourra facilement être construite, comme montré dans le troisième chapitre. Afin d'améliorer la performance de l'estimateur des coefficients polynomiaux, la matrice de canal estimée est utilisée pour récupérer les symboles de données. On peut, ensuite, utiliser les données d'information estimées (et non pas seulement les pilotes) pour améliorer l'estimation des coefficients, ce qui donne lieu à une technique itérative permettant la récupération des gains complexes et des symboles de données. Nous proposons ici de réaliser la détection des symboles de données à partir d'une décomposition QR de la matrice du canal. Grâce à cette décomposition, l' « égaliseur QR » obtenu peut estimer les symboles de données quasiment sans interférence résiduelle. Nous verrons que cet égaliseur QR est plus adéquat et plus performant que l'égaliseur SSI. Nous allons également voir que l'algorithme dans son ensemble répond bien aux scénarios à étalement Doppler très élevé (*i.e.*, $f_dT > 0.1$).

4.2 Modèle Autorégressif (AR) et filtre de Kalman

D'après l'étude faite dans le deuxième chapitre (section 2.2), pour un étalement Doppler $f_dT \leq 0.5$, la variation temporelle (à l'intérieur d'un symbole OFDM) de chaque gain complexe de type Rayleigh $\boldsymbol{\alpha}_l^{(n)} = \left[\alpha_l^{(n)}(-N_gT_s), ..., \alpha_l^{(n)}((N-1)T_s)\right]^T$ est extrêmement bien modélisée par un polynôme de $N_c \leq 5$ coefficients $\mathbf{c}_l^{(n)} = \left[c_{1,l}^{(n)}, ..., c_{N_c,l}^{(n)}\right]^T$ (*i.e.*, de degré $(N_c - 1)$). D'où, en négligeant l'erreur due à l'approximation polynomiale $\boldsymbol{\epsilon}_{(n)}$, le modèle d'observation (pour le n-ème symbole OFDM) donné par (2.1) et (2.10) devient comme suit :

$$\mathbf{y}_{(n)} = \boldsymbol{\mathcal{K}}_{(n)}\, \mathbf{c}_{(n)} + \mathbf{w}_{(n)} \tag{4.1}$$

où $\mathbf{c}_{(n)} = [\mathbf{c}_1^{(n)T}, ..., \mathbf{c}_L^{(n)T}]^T$ contient les coefficients polynomiaux des différents trajets pour le symbole OFDM courant, et $\mathbf{w}_{(n)}$ est le vecteur de bruit additif Gaussien. Et nous rappelons que $\boldsymbol{\mathcal{K}}_{(n)}$ est une matrice de taille $N \times LN_c$ donnée par (2.11), et construite à partir des symboles de données et des retards des trajets.

Cette modélisation polynomiale (durant chaque symbole OFDM) est plus adéquate que celle du deuxième algorithme (sur N_c symboles OFDM, voir section 3.6) pour de fortes variations du canal. La matrice de canal (voir équation (3.2)) pour le n-ème symbole OFDM peut être construite simplement à partir des coefficients des polynômes comme suit (voir le calcul détaillé dans l'annexe C) :

$$\mathbf{H}_{(n)} = \frac{1}{N}\sum_{d=1}^{N_c} \mathbf{M}_d \; \mathrm{diag}\{\mathbf{F}\boldsymbol{\chi}_d^{(n)}\} \tag{4.2}$$

où $\boldsymbol{\chi}_d^{(n)} = \left[c_{d,1}^{(n)}, ..., c_{d,L}^{(n)}\right]^T$, $\mathbf{F}$ est la matrice de TF de taille $N \times L$ donnée par (1.30) et $\mathbf{M}_d$ est la matrice de taille $N \times N$ donnée par (2.13). Cette construction de la matrice du canal sera utilisée dans l'algorithme itératif.

Nous avons besoin maintenant de construire un modèle d'évolution dynamique des coefficients $\mathbf{c}^{(n)}$, afin de pouvoir les estimer par filtrage de Kalman.

4.2.1 Modèle AR des coefficients polynomiaux $\mathbf{c}^{(n)}$

D'après la section 2.2, les coefficients $\mathbf{c}_l^{(n)}$ sont des variables complexes stationnaires Gaussiennes centrés et corrélés de matrice de corrélation $\mathbf{R}_{\mathbf{c}_l}^{(s)}$ donnée par (2.9). Par conséquent, l'évolution dynamique de $\mathbf{c}_l^{(n)}$ peut être modélisée par un processus autorégressif (AR) [Badd 05] [Ande 79]. Un processus AR complexe d'ordre p peut être généré comme suit :

$$\mathbf{c}_l^{(n)} = -\sum_{i=1}^{p} \mathbf{A}_l^{(i)}\mathbf{c}_l^{(n-i)} + \mathbf{u}_l^{(n)} \tag{4.3}$$

où $\mathbf{A}_l^{(1)}, ..., \mathbf{A}_l^{(p)}$ sont des matrices de tailles $N_c \times N_c$ et $\mathbf{u}_l^{(n)}$ est un vecteur complexe Gaussien de taille $N_c \times 1$ et de matrice de covariance $\mathbf{U}_l$. Les matrices suivantes $\mathbf{A}_l^{(1)}, ..., \mathbf{A}_l^{(p)}$ et $\mathbf{U}_l$ sont les paramètres du modèle AR, obtenus par la résolution des équations de Yule-Walker [Badd 05] qui sont définies par :

$$\mathbf{T}_l \mathbf{A}_l = -\mathbf{V}_l \quad (4.4)$$

$$\mathbf{U}_l = \mathbf{R}_{\mathbf{c}_l}^{(0)} + \sum_{i=1}^{p} \mathbf{A}_l^{(i)} \mathbf{R}_{\mathbf{c}_l}^{(-i)} \quad (4.5)$$

où $\mathbf{A}_l = [\mathbf{A}_l^{(1)^T}, ..., \mathbf{A}_l^{(p)^T}]^T$ et $\mathbf{V}_l = [\mathbf{R}_{\mathbf{c}_l}^{(1)^T}, ..., \mathbf{R}_{\mathbf{c}_l}^{(p)^T}]^T$ sont des matrices de tailles $pN_c \times N_c$ et $\mathbf{T}_l$ est une matrice de corrélation de taille $pN_c \times pN_c$ définie par :

$$\mathbf{T}_l = \begin{bmatrix} \mathbf{R}_{\mathbf{c}_l}^{(0)} & \cdots & \mathbf{R}_{\mathbf{c}_l}^{(-p+1)} \\ \vdots & \ddots & \vdots \\ \mathbf{R}_{\mathbf{c}_l}^{(p-1)} & \cdots & \mathbf{R}_{\mathbf{c}_l}^{(0)} \end{bmatrix} \quad (4.6)$$

En utilisant l'équation (4.3), on obtient le modèle AR d'ordre p de $\mathbf{c}_{(n)} = [\mathbf{c}_1^{(n)^T}, ..., \mathbf{c}_L^{(n)^T}]^T$ comme suit :

$$\mathbf{c}_{(n)} = -\sum_{i=1}^{p} \mathbf{A}_{(i)} \mathbf{c}_{(n-i)} + \mathbf{u}_{(n)} \quad (4.7)$$

où $\mathbf{A}_{(i)} = \text{blkdiag}\left\{\mathbf{A}_1^{(i)}, ..., \mathbf{A}_L^{(i)}\right\}$ est une matrice de taille $LN_c \times LN_c$, et $\mathbf{u}_{(n)} = [\mathbf{u}_1^{(n)^T}, ..., \mathbf{u}_L^{(n)^T}]^T$ est un vecteur complexe Gaussien de taille $LN_c \times 1$ et de matrice de covariance $\mathbf{U} = \text{blkdiag}\{\mathbf{U}_1, ..., \mathbf{U}_L\}$.

4.2.2 Filtre de Kalman

En se basant sur le modèle AR construit en (4.7), on définit l' *état* du modèle pour le système OFDM par $\mathbf{g}_{(n)} = [\mathbf{c}_{(n)}^T, ..., \mathbf{c}_{(n-p+1)}^T]^T$. Ainsi, en utilisant les équations (4.7) et (4.1), on obtient :

$$\mathbf{g}_{(n)} = \mathbf{S}_1 \mathbf{g}_{(n-1)} + \mathbf{S}_2 \mathbf{u}_{(n)} \quad (4.8)$$

$$\mathbf{y}_{(n)} = \mathbf{S}_3 \mathbf{g}_{(n)} + \mathbf{w}_{(n)} \quad (4.9)$$

où $\mathbf{S}_2 = [\mathbf{I}_{LN_c}, \mathbf{0}_{LN_c,(p-1)LN_c}]^T$ est une matrice de taille $pLN_c \times LN_c$, $\mathbf{S}_3 = [\boldsymbol{\mathcal{K}}_{(n)}, \mathbf{0}_{N,(p-1)LN_c}]$ est une matrice de mesure de taille $N \times pLN_c$ et $\mathbf{S}_1$ une matrice de transition de taille $pLN_c \times pLN_c$ définie par :

$$\mathbf{S}_1 = \begin{bmatrix} -\mathbf{A}_{(1)} & -\mathbf{A}_{(2)} & -\mathbf{A}_{(3)} & \cdots & -\mathbf{A}_{(p)} \\ \mathbf{I}_{LN_c} & \mathbf{0}_{LN_c} & \mathbf{0}_{LN_c} & \cdots & \mathbf{0}_{LN_c} \\ \mathbf{0}_{LN_c} & \mathbf{I}_{LN_c} & \mathbf{0}_{LN_c} & \cdots & \mathbf{0}_{LN_c} \\ \vdots & \ddots & \ddots & \ddots & \vdots \\ \mathbf{0}_{LN_c} & \cdots & \mathbf{0}_{LN_c} & \mathbf{I}_{LN_c} & \mathbf{0}_{LN_c} \end{bmatrix} \quad (4.10)$$

Notons que les deux équations (4.8) et (4.9) représentent respectivement l'équation d'état et l'équation de mesure ou d'observation pour notre système OFDM. Ces deux équations nous permettent d'appliquer le filtre de Kalman [Bros 97] pour poursuivre adaptativement les coefficients des polynômes $\mathbf{c}^{(n)}$. Le filtre de Kalman est un système dynamique. Il utilise une prédiction qui s'appuie sur le modèle déterministe et un recalage qui s'appuie sur l'innovation (différence entre la mesure et la sortie prédite).

Soit $\hat{\mathbf{g}}_{(n|n-1)}$ l'état prédit à l'instant n connaissant toutes les mesures jusqu'a l'instant $(n-1)$, auquel on associe la matrice de covariance de l'erreur de prédiction notée $\mathbf{P}_{(n|n-1)}$ (matrice à priori). Et soit $\hat{\mathbf{g}}_{(n|n)}$ l'état estimé connaissant la mesure à l'instant n (après le recalage), auquel on associe la matrice de covariance de l'erreur d'estimation notée $\mathbf{P}_{(n|n)}$ (matrice à posteriori). Ces deux matrices $\mathbf{P}_{(n|n-1)}$ et $\mathbf{P}_{(n|n)}$ sont de tailles $pLN_c \times pLN_c$. Le filtre de Kalman est un algorithme récursif composé de deux phases distinctes : Prédiction ("Time Update Equations") et Mise à Jour ("Measurement Update Equations"). Ces deux phases sont définies par :

Prédiction ("Time Update Equations") :

$$\begin{aligned} \hat{\mathbf{g}}_{(n|n-1)} &= \mathbf{S}_1\hat{\mathbf{g}}_{(n-1|n-1)} \\ \mathbf{P}_{(n|n-1)} &= \mathbf{S}_1\mathbf{P}_{(n-1|n-1)}\mathbf{S}_1^H + \mathbf{S}_2\mathbf{U}\mathbf{S}_2^H \end{aligned} \tag{4.11}$$

Mise à Jour ("Measurement Update Equations") :

$$\begin{aligned} \mathbf{K}_{(n)} &= \mathbf{P}_{(n|n-1)}\mathbf{S}_3^H\left(\mathbf{S}_3\mathbf{P}_{(n|n-1)}\mathbf{S}_3^H + \sigma^2\mathbf{I}_N\right)^{-1} \\ \hat{\mathbf{g}}_{(n|n)} &= \hat{\mathbf{g}}_{(n|n-1)} + \mathbf{K}_{(n)}\left(\mathbf{y}_{(n)} - \mathbf{S}_3\hat{\mathbf{g}}_{(n|n-1)}\right) \\ \mathbf{P}_{(n|n)} &= \mathbf{P}_{(n|n-1)} - \mathbf{K}_{(n)}\mathbf{S}_3\mathbf{P}_{(n|n-1)} \end{aligned} \tag{4.12}$$

où $\mathbf{K}_{(n)}$ est le gain de Kalman. La phase de prédiction utilise l'état estimé à l'instant précédent pour produire une estimation de l'état courant. Dans la phase de mise à jour, l'observation de l'instant courant est utilisée pour corriger l'état prédit dans le but d'obtenir une estimation plus précise. Bien entendu, il faut initialiser ce filtre au travers de $\hat{\mathbf{g}}_{(0|0)}$ et de $\mathbf{P}_{(0|0)}$. On choisit les initialisations suivantes :

$$\hat{\mathbf{g}}_{(0|0)} = \mathbf{0}_{pLN_c,1} \tag{4.13}$$

$$\mathbf{P}_{(0|0)[t(l,s),t(l,s')]} = \mathbf{R}_{\mathbf{c}_l}^{(s'-s)} \quad \text{pour } {\scriptstyle l\in[1,L]\ s,s'\in[0,p-1]} \tag{4.14}$$

où $t(l,s) = 1 + (l-1)N_c + sLN_c : lN_c + sLN_c$, et $\mathbf{R}_{\mathbf{c}_l}^{(s)}$ est la matrice de corrélation de $\mathbf{c}_l{}^{(n)}$ définie par (2.9). Notons qu'il y a des matrices de zéros entre les blocs $\mathbf{R}_{\mathbf{c}_l}^{(s)}$ car les L différents gains complexes sont non corrélés. Par exemple, pour $K = L = 2$, la matrice $\mathbf{P}^{(0|0)}$ est donnée par :

$$\mathbf{P}_{(0|0)} = \begin{bmatrix} \mathbf{R}_{\mathbf{c}_1}^{(0)} & \mathbf{0}_{N_c} & \mathbf{R}_{\mathbf{c}_1}^{(1)} & \mathbf{0}_{N_c} \\ \mathbf{0}_{N_c} & \mathbf{R}_{\mathbf{c}_2}^{(0)} & \mathbf{0}_{N_c} & \mathbf{R}_{\mathbf{c}_2}^{(1)} \\ \mathbf{R}_{\mathbf{c}_1}^{(-1)} & \mathbf{0}_{N_c} & \mathbf{R}_{\mathbf{c}_1}^{(0)} & \mathbf{0}_{N_c} \\ \mathbf{0}_{N_c} & \mathbf{R}_{\mathbf{c}_2}^{(-1)} & \mathbf{0}_{N_c} & \mathbf{R}_{\mathbf{c}_2}^{(0)} \end{bmatrix} \tag{4.15}$$

Cas où $p = 1$:

Notons que, pour un modèle AR d'ordre $p = 1$, l'évolution dynamique de $\mathbf{c}_l^{(n)}$ devient comme suit :

$$\mathbf{c}_l^{(n)} = -\mathbf{A}_l^{(1)}\mathbf{c}_l^{(n-1)} + \mathbf{u}_l^{(n)} \tag{4.16}$$

où les paramètres du modèle AR, $\mathbf{A}_l^{(1)}$ et $\mathbf{U}_l$, sont obtenus à partir des équations de Yule-Walker comme suit :

$$\begin{aligned} \mathbf{A}_l^{(1)} &= -\left(\mathbf{R}_{\mathbf{c}_l}^{(0)}\right)^{-1}\mathbf{R}_{\mathbf{c}_l}^{(1)} && (4.17)\\ \mathbf{U}_l &= \mathbf{R}_{\mathbf{c}_l}^{(0)} + \mathbf{A}_l^{(1)}\mathbf{R}_{\mathbf{c}_l}^{(-1)} && (4.18)\end{aligned}$$

De plus, les équations d'état et d'observation, (4.8) et (4.9), deviennent comme suit :

$$\begin{aligned} \mathbf{c}_{(n)} &= -\mathbf{A}_{(1)}\mathbf{c}_{(n-1)} + \mathbf{u}_{(n)} && (4.19)\\ \mathbf{y}_{(n)} &= \boldsymbol{\mathcal{K}}_{(n)}\,\mathbf{c}_{(n)} + \mathbf{w}_{(n)} && (4.20)\end{aligned}$$

Par conséquent, les équations de prédiction et mise à jour du filtre de Kalman, (4.11) et (4.12), sont obtenus pour $\mathbf{S}_1 = -\mathbf{A}_{(1)}$, $\mathbf{S}_2 = \mathbf{I}_{LN_c}$ et $\mathbf{S}_3 = \boldsymbol{\mathcal{K}}_{(n)}$, avec $\hat{\mathbf{g}}_{(n|n)} = \hat{\mathbf{c}}_{(n|n)}$. Ainsi, le filtre sera initialisé par :

$$\begin{aligned} \hat{\mathbf{g}}_{(0|0)} &= \mathbf{0}_{LN_c,1} && (4.21)\\ \mathbf{P}_{(0|0)} &= \text{blkdiag}\left\{\mathbf{R}_{\mathbf{c}_1}^{(0)}, ..., \mathbf{R}_{\mathbf{c}_L}^{(0)}\right\} && (4.22)\end{aligned}$$

4.3 Détection QR des symboles de données

La détection QR nous permet, pour un canal connu (ou parfaitement estimé) d'estimer les symboles de données quasiment sans présence d'interférence. Il utilise la décomposition QR [Fran 61] d'une matrice en deux matrices, l'une orthogonale et l'autre triangulaire supérieure. En appliquant cette décomposition sur la matrice du canal $\mathbf{H}_{(n)}$, on obtient donc :

$$\mathbf{H}_{(n)} = \boldsymbol{\mathcal{Q}}_{(n)}\boldsymbol{\mathcal{R}}_{(n)} \qquad (4.23)$$

où $\boldsymbol{\mathcal{Q}}_{(n)}$ est la matrice orthogonale de taille $N \times N$ (*i.e.*, $\boldsymbol{\mathcal{Q}}_{(n)}^H\boldsymbol{\mathcal{Q}}_{(n)} = \mathbf{I}_N$) et $\boldsymbol{\mathcal{R}}_{(n)}$ la matrice triangulaire supérieure de taille $N \times N$. Ainsi, en multipliant le signal après TFD, $\mathbf{y}_{(n)}$, dans l'équation d'observation (1.44), par la matrice $\boldsymbol{\mathcal{Q}}_{(n)}^H$, on peut écrire :

$$\begin{aligned} \mathbf{y}'_{(n)} &= \boldsymbol{\mathcal{Q}}_{(n)}^H\mathbf{y}_{(n)}\\ &= \boldsymbol{\mathcal{R}}_{(n)}\mathbf{x}_{(n)} + \boldsymbol{\mathcal{Q}}_{(n)}^H\mathbf{w}_{(n)} && (4.24)\end{aligned}$$

Notons que les deux vecteurs de bruits $\mathbf{w}_{(n)}$ et $\boldsymbol{\mathcal{Q}}_{(n)}^H\mathbf{w}_{(n)}$ ont la même matrice de covariance $\sigma^2\mathbf{I}_N$, car $\boldsymbol{\mathcal{Q}}_{(n)}$ est une matrice orthogonale. Donc la première phase de transformation opérée sur le signal reçu par l'égaliseur QR n'amplifie pas le bruit.

La deuxième phase de l'égaliseur QR consiste à calculer itérativement (ou successivement) les symboles de données estimés. Grâce à la forme triangulaire supérieure de $\boldsymbol{\mathcal{R}}_{(n)}$, l'estimation successive des symboles de données estimés est réalisée selon l'ordre $\{[\mathbf{x}_{(n)}]_N, [\mathbf{x}_{(n)}]_{N-1}, ..., [\mathbf{x}_{(n)}]_1\}$ (*i.e.*, du dernier symbole au premier symbole) de la manière suivante :

$$\begin{aligned} \left[\tilde{\mathbf{x}}_{(n)}\right]_k &= \frac{\left[\mathbf{y}'_{(n)}\right]_k - \sum\limits_{m=k+1}^{N}\left[\boldsymbol{\mathcal{R}}_{(n)}\right]_{k,m}\left[\hat{\mathbf{x}}_{(n)}\right]_m}{\left[\boldsymbol{\mathcal{R}}_{(n)}\right]_{k,k}} && (4.25)\\ \left[\hat{\mathbf{x}}_{(n)}\right]_k &= \mathcal{O}\Big(\left[\tilde{\mathbf{x}}_{(n)}\right]_k\Big) && (4.26)\end{aligned}$$

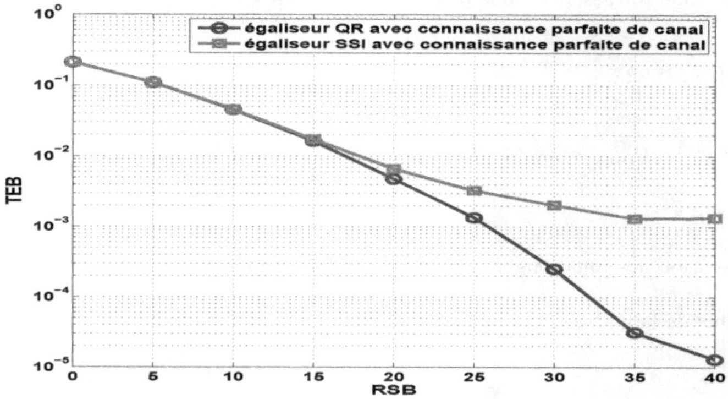

FIGURE 4.1 – Comparaison entre l'égaliseur QR et l'égaliseur SSI, avec $f_dT = 0.1$ et ($L_f = 4$ et $N = 128$)

où $\mathcal{O}(.)$ est une opération de décision convenant à la constellation utilisée.

On note que si le canal est connu (ou parfaitement estimé), le premier symbole est estimé en présence d'aucune interférence. Pour les symboles qui suivent, l'estimation se fait en supprimant l'interférence due aux symboles précédemment estimés. Cela correspond à une suppression successive d'interférence (SSI), à la différence qu'il n'y a pas d'interférence au début du processus (grâce à la transformation Q préliminaire).

La figure 4.1 donne les TEB des égaliseurs QR et SSI pour une connaissance parfaite de la matrice de canal avec $f_dT = 0.1$ et $L_f = 4$. On remarque que, pour des faibles RSB, les TEB sont égaux car le bruit est dominant par rapport au niveau de l'IEP. Par contre, dans les régions de fort et modéré RSB, l'égaliseur QR a une meilleure performance que l'égaliseur SSI. En effet, avec la méthode de décomposition QR, l'IEP est quasiment supprimée ($\mathcal{R}_{(n)}$ matrice triangulaire supérieure). Ceci n'était pas le cas avec le détecteur SSI, qui devait réaliser les premières estimations de symbole en présence de toute l'interférence due aux symboles non encore estimés. Pour le détecteur SSI, seuls les derniers symboles peuvent être estimés en ayant retiré quasiment toute l'interférence (si il n'y a pas eu d'erreur de décision sur les symboles précédemment décidés ...).

Évidemment, dans la réalité le canal n'est pas parfaitement connu, ce qui peut nuancer un peu l'intérêt de l'égaliseur QR par rapport à l'égaliseur SSI. Mais néanmoins, nous avions vu déjà dans le chapitre 3 que ce sont davantage les erreurs de décision plutôt que la qualité de l'estimateur de canal qui limitaient les performances globales de l'algorithme conjoint.

4.4 Estimation et détection conjointe

4.4.1 Algorithme itératif

L'algorithme itératif réalise conjointement l'estimation des gains complexes par filtrage de Kalman et la détection QR des données. Il utilise N_p symboles pilotes de type peigne régulièrement espacés entre les symboles de données aux positions $\mathcal{P} = \{p_r \mid p_r = (r-1)L_f + 1,\ r = 1, ..., N_p\}$, avec L_f la distance en terme de nombre de sous-porteuses entre deux symboles pilotes consécutifs dans le domaine fréquentiel. L'algorithme itératif s'exécute comme suit, pour chaque nouveau symbole OFDM :

initialisation :
$\hat{\mathbf{g}}_{(0|0)} \;=\; \mathbf{0}_{pLN_c,1}$

calcul de $\mathbf{P}_{(0|0)}$ selon (4.14)

$n \leftarrow n+1$

exécution des équations de prédiction du filtre de Kalman selon (4.11)

calcul de la matrice du canal selon (4.2)

$i \leftarrow 1$

itération :
1) suppression de l'IEP due aux pilotes dans les données reçues

2) détection QR des symboles de données (4.23) (4.24) (4.25) (4.26)

3) exécution des équations de mise à jour du filtre de Kalman (4.12)

4) calcul de la matrice du canal selon (4.2)

5) $i \leftarrow i+1$

où i représente le nombre d'itérations. Il faut noter que la détection QR dans l'étape 2 est exécutée avec les symboles de données reçus $\mathbf{y}_{\mathbf{d}_{(n)}}$, après avoir retiré la contribution des symboles pilotes, donnés par (3.17).

4.4.2 Complexité de l'algorithme

L'objectif de cette section est de déterminer la complexité d'implémentation en terme de nombre de multiplications nécessaires pour notre algorithme. Les matrices $\mathbf{F}$ et $\mathbf{M}_d$ sont pré-calculées et stockées si les retards sont invariants pour un grand nombre de symboles OFDM. Le coût calculatoire pour la formation de la matrice $\boldsymbol{\mathcal{K}}_{(n)}$ est $NL\big(N(N_c-1)+1\big)$ et pour la matrice $\mathbf{H}_{(n)}$, il est de $NN_c(N+L)-N^2$, car $\frac{1}{N}\mathbf{M}_1 = \mathbf{I}_N$. La complexité de suppression de l'IEP dans l'étape 1 est N_pN_d, et la complexité de la décomposition QR et de la détection QR des données dans l'étape 2 sont respectivement $\frac{2}{3}N_d^3 + N_d^2 + \frac{7}{3}N_d^2$ et $\frac{1}{2}N_d(N_d+1)$, avec $N_d = N - N_p$. La complexité des étapes de prédiction et de mise à jour du filtre de Kalman sont respectivement $pLN_c^2+2(pLN_c)^2$ et $NLN_c(p+1)(N+LN_c+1)+N(pLN_c)^2+2N^2(N-1)+N$, car $\mathbf{S}_1$ et $\mathbf{S}_3$ sont des matrices creuses. En pratique, p, L et N_c sont beaucoup plus petits que N, ainsi, la complexité de notre algorithme est $O(N^3)$ (de l'ordre de N^3). En conclusion, cet algorithme est seulement un peu plus complexe que le premier algorithme mais il est bien plus complexe que le deuxième algorithme présentés dans le chapitre III.

4.4.3 Analyse de l'erreur quadratique moyenne (EQM)

L'erreur entre le l-ème vecteur de gain complexe exact et le l-ème polynôme estimé $\hat{\boldsymbol{\alpha}}^{(n)}_{\mathbf{pol}_l}$ est donnée par :

$$\mathbf{e}_l^{(n)} = \boldsymbol{\alpha}_l^{(n)} - \hat{\boldsymbol{\alpha}}^{(n)}_{\mathbf{pol}_l} = \boldsymbol{\xi}_l^{(n)} + \mathbf{Q}^T \mathbf{e}_{\mathbf{c}_l}^{(n)} \tag{4.27}$$

où $\mathbf{e}_{\mathbf{c}_l}^{(n)} = \mathbf{c}_l^{(n)} - \hat{\mathbf{c}}_l^{(n)}$, $\boldsymbol{\xi}_l^{(n)}$ est l'erreur de la modélisation polynomiale définie dans la section 2.2, et $\mathbf{Q}$ est une matrice de taille $N_c \times v$ donnée par (2.5). En négligeant les termes croisés entre $\boldsymbol{\xi}_l^{(n)}$ et $\mathbf{e}_{\mathbf{c}_l}^{(n)}$, l'erreur quadratique moyenne (EQM) entre $\boldsymbol{\alpha}_l^{(n)}$ et $\hat{\boldsymbol{\alpha}}^{(n)}_{\mathbf{pol}_l}$ est donnée par :

$$\begin{aligned} \mathrm{EQM}_l &= \frac{1}{v}\mathrm{E}\big[\mathbf{e}_l^{(n)H} \mathbf{e}_l^{(n)}\big] \\ &= \mathrm{MMSE}_l + \frac{1}{v}\mathrm{Tr}\left(\mathbf{Q}^T \mathbf{EQM}_{\mathbf{c}_l} \mathbf{Q}\right) \end{aligned} \tag{4.28}$$

avec $\mathbf{EQM}_{\mathbf{c}_l} = \mathrm{E}\big[\mathbf{e}_{\mathbf{c}_l}^{(n)} \mathbf{e}_{\mathbf{c}_l}^{(n)H}\big]$. Notons que, à la convergence du filtre de Kalman, on a pour des symboles de données parfaitement estimés (*i.e.*, data-aided (DA)) :

$$\mathbf{EQM}_{\mathbf{c}_l} = \mathbf{P}_{(n|n)[t(l,0),t(l,0)]} \tag{4.29}$$

La Borne de Cramér-Rao Bayesienne (BCRB) en-ligne est un critère important pour évaluer la qualité de l'estimation des gains complexes par un filtre de Kalman. Dans la section 2.3.2.1, on a dérivé l'expression de la BCRB en-ligne, pour les contextes DA et NDA, associée à l'estimation des gains complexes «variants» durant un symbole OFDM. Cette BCRB en-ligne pour l'estimation de $\boldsymbol{\alpha}_l^{(n)}$, dans le contexte DA, est donnée par (voir (2.24) et (2.27)) :

$$\mathrm{BCRB}(\boldsymbol{\alpha}_l^{(\infty)})_{en-ligne} = \mathrm{MMSE}_l^{(0)} + \frac{1}{v}\mathrm{Tr}\left(\mathbf{Q}^T \mathbf{BCRB}(\mathbf{c}_l^{(\infty)}) \mathbf{Q}\right) \tag{4.30}$$

où $\mathrm{MMSE}_l^{(0)}$ est l'erreur quadratique moyenne minimale de la modélisation polynomiale donnée par (2.6) et $\mathbf{BCRB}(\mathbf{c}_l^{(K)})$ est la BCRB en-ligne associée à l'estimation de $\mathbf{c}_l^{(K)}$ donnée par :

$$\mathbf{BCRB}(\mathbf{c}_l^{(K)}) = \mathbf{BCRB}(\mathbf{c})_{[t(l,0),t(l,0)]} \tag{4.31}$$

où la séquence d'indices $t(l,s)$ est définie par (4.13) et $\mathbf{BCRB}(\mathbf{c})$ est la BCRB associée à l'estimation de $\mathbf{c} = [\mathbf{c}_{(K)}{}^T, ..., \mathbf{c}_{(1)}{}^T]^T$ donnée par :

$$\mathbf{BCRB}(\mathbf{c}) = \left(\mathrm{blkdiag}\left\{\mathbf{J}_{(K)}, ..., \mathbf{J}_{(2)}, \mathbf{J}_{(1)}\right\} + \mathbf{R}_{\mathbf{c}}^{-1}\right)^{-1} \tag{4.32}$$

où la matrice $\mathbf{R}_{\mathbf{c}}$ est calculée de la même manière que $\mathbf{P}_{(0|0)}$ avec $s, s' \in [0, K-1]$ et $\mathbf{J}_{(n)}$ définie par (2.50). Comme montré dans le deuxième chapitre, lorsque la taille du bloc d'observation K croît, $\mathbf{BCRB}(\mathbf{c}_l^{(K)})$ décroît et converge vers une asymptote $\mathbf{BCRB}(\mathbf{c}_l^{(\infty)})$.

4.5 Simulation

Dans cette section, on vérifie la théorie par la simulation et on teste les performances de notre algorithme itératif. Le TEB est évalué pour un canal à variations temporelles rapides

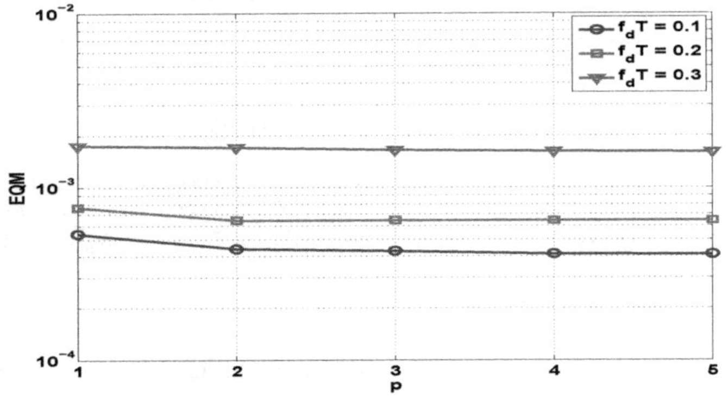

FIGURE 4.2 – EQM pour $N_c = 2$ et RSB = 20dB vs l'ordre du modèle AR

$(f_d T,\, N_c)$	$-A_l^{(1)}$
(0.01, 3)	$\begin{bmatrix} 1 & 144 & 20734 \\ 2.10^{-10} & 0.99 & 288 \\ -2.10^{-11} & -10^{-5} & 0.99 \end{bmatrix}$
(0.1, 3)	$\begin{bmatrix} 0.99 & 143 & 20579 \\ 2.10^{-6} & 0.96 & 286 \\ -2.10^{-7} & -10^{-3} & 0.69 \end{bmatrix}$
(0.3, 3)	$\begin{bmatrix} 0.99 & 135 & 19360 \\ -6.10^{-5} & 0.574 & 240.8 \\ -10^{-5} & -0.0061 & -0.973 \end{bmatrix}$

TABLE 4.1 – Le paramètre $-A_l^{(1)}$ du modèle AR pour une taille de $v = 144$ échantillons

telles que $f_d T = 0.1$, $f_d T = 0.2$ et $f_d T = 0.3$, ce qui correspondrait respectivement à des vitesses de véhicule $V_m = 140 km/h$, $V_m = 280 km/h$ et $V_m = 420 km/h$ pour $f_0 = 10 GHz$. On considère toujours un canal normalisé de type Rayleigh avec $L = 6$ trajets et un système OFDM normalisé à modulation 4-QAM avec les mêmes paramètres que pour les deux premiers algorithmes.

La figure 4.2 donne l'évolution de l'EQM de l'estimation des gains complexes, dans un contexte DA, en fonction de l'ordre p du modèle AR pour différentes valeurs de $f_d T$ avec $RSB = 20dB$ et $N_c = 2$. On observe que l'on a seulement une amélioration minime quand l'ordre p croît. Par conséquent, dans la suite, afin de diminuer la complexité du filtre de Kalman, on choisit un modèle AR d'ordre $p = 1$.

N_c	$-A_l^{(1)}$
3	$\begin{bmatrix} 1 & v & v^2 \\ 0 & 1 & 2v \\ 0 & 0 & 1 \end{bmatrix}$

TABLE 4.2 – Le paramètre $-A_l^{(1)}$ pour une série de Taylor

$$\begin{cases} c_{1,l}^{(n)} & = & c_{1,l}^{(n-1)} & + & v.c_{2,l}^{(n-1)} & + & v^2.c_{3,l}^{(n-1)} \\ c_{2,l}^{(n)} & = & & & c_{2,l}^{(n-1)} & + & 2v.c_{3,l}^{(n-1)} \\ c_{3,l}^{(n)} & = & & & & & c_{3,l}^{(n-1)} \end{cases} \tag{4.33}$$

Dans le tableau 4.1, on donne le paramètre $-A_l^{(1)}$ du modèle AR pour $N_c = 3$, $v = 144$ (*i.e*, $v = N + N_g$ le nombre d'échantillons par symbole OFDM) et différentes valeurs de f_dT. On remarque que, pour un faible étalement Doppler $f_dT = 0.01$, $-A_l^{(1)}$ est une matrice triangulaire supérieure avec des 1 sur la diagonale principale, et des valeurs caractéristiques sur la première ligne (proches de v et de v^2). Ceci peut s'interpréter en remarquant que ces coefficients sont très proches de ceux obtenus théoriquement par un développement en série de Taylor du troisième ordre (*i.e.* avec une dérivée seconde constante, et les dérivées d'ordre supérieur nulles), donnés par le tableau 4.2 et l'équation associé (4.33). Mais quand f_dT croît, on s'éloigne de plus en plus de ces caractéristiques particulières. $-A_l^{(1)}$ reste à peu près une matrice triangulaire supérieure, mais sans avoir des 1 sur la diagonale principale (hormis le premier élément). Ceci est naturel car pour un étalement Doppler élevé, la concavité du gain complexe change d'un symbole OFDM à l'autre tandis qu'elle est invariante pour des faibles f_dT. Ceci est bien observé sur la figure 4.4 où les variations sont très rapides ($f_dT = 0.3$), et où la courbure s'inverse quasiment d'un symbole à l'autre (ce qui confirme l'ordre de grandeur -0.973 du dernier coefficient de la diagonale du tableau 4.1).

La figure 4.3 illustre l'évolution de l'EQM en fonction du RSB, avec la progression du nombre d'itérations, pour $f_dT = 0.3$, $N_c = 3$ et $L_f = 4$. On constate que, dans le contexte DA, l'EQM obtenue par simulation s'accorde avec la valeur théorique donnée par (4.29). La figure 4.3 montre également que l'EQM avec DA est proche de la BCRB [1] en-ligne (BCRB minimale calculée avec des séquences de données de type MLS à 13 registres de décalage, voir figure 2.13). Cela signifie que le filtre de Kalman fonctionne très bien. Après quatre et dix itérations, une grande amélioration est réalisée et il est remarquable que l'EQM obtenue est quasiment celle obtenue avec des données connues (DA). Pour illustration, la figure 4.4 donne les parties reélle et imaginaire du gain complexe estimé avec DA et du gain complexe estimé avec pilotes (après dix itérations) du deuxième trajets. Ceci est obtenu pour une réalisation du canal sur 10 symboles OFDM avec RSB $= 20dB$, $f_dT = 0.3$, $N_c = 3$ et $L_f = 4$. On peut vérifier que l'on a une bonne estimation, malgré la rapidité du canal.

1. la vraie BCRB en-ligne désirée est calculée en utilisant les vraies séquences de données transmises. Cette borne et l'EQM avec DA seront presque égales.

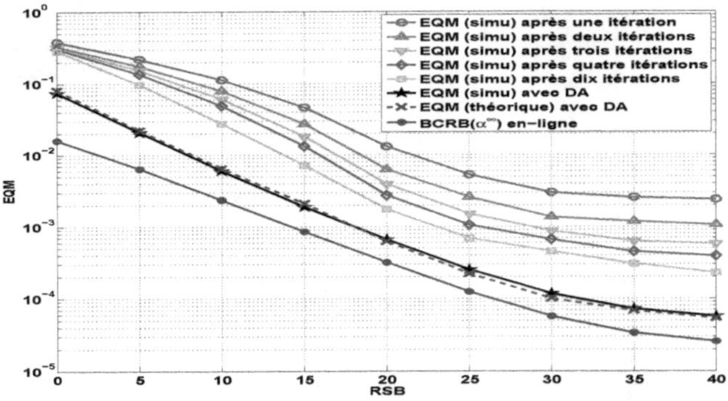

FIGURE 4.3 – EQM pour $N_c = 3$, $f_dT = 0.3$ et $L_f = 4$

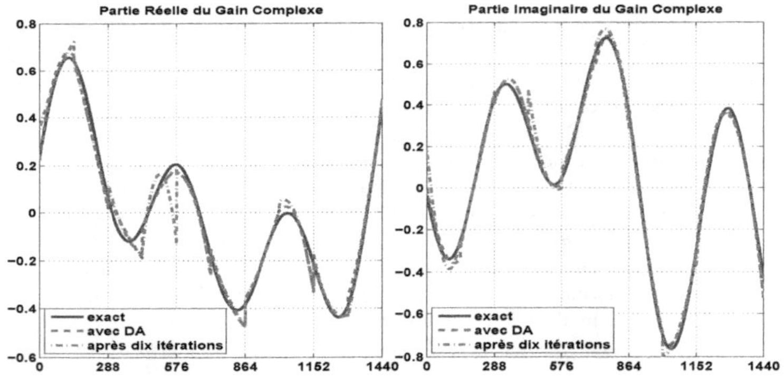

FIGURE 4.4 – Gain complexe estimé du deuxième trajet sur 10 symboles OFDM, avec $f_dT = 0.3$, $N_c = 3$ et $RSB = 20dB$

La figure 4.5 donne le TEB de notre algorithme pour $f_dT = 0.2$ en (a) et $f_dT = 0.3$ en (b) avec $N_c = 3$ coefficients par polynôme et une distance inter-porteuse pilotes $L_f = 4$, comparé aux TEB du premier et deuxième algorithmes. Comme référence, on a également tracé le TEB obtenu avec une connaissance parfaite du canal et de l'IEP. Ces résultats prouvent que notre algorithme a une meilleure performance que le premier et le deuxième algorithmes. Après huit itérations, une grande amélioration est réalisée, le TEB de notre algorithme et le TEB obtenu avec une connaissance parfaite du canal et de l'IEP sont très proches. Pour de forts RSB, on a un plancher qui est dû surtout aux erreurs de décision de l'égaliseur, et non à l'estimation des gains.

On étudie maintenant l'EQM et le TEB en fonction de $f_dT = 0.1$, 0.2 et 0.3 (étalement Doppler très élevé). Il faut bien noter qu'il suffit d'utiliser $N_c = 2$ pour $f_dT = 0.1$ et $N_c = 3$ pour $f_dT = 0.2$ et 0.3, en accord avec l'étude du chapitre 2. À partir de la figure 4.6 (a), il est clair que l'on a une amélioration avec le nombre d'itérations, surtout pour les fortes valeurs de f_dT. Ceci signifie que le nombre d'itérations nécessaire (afin que

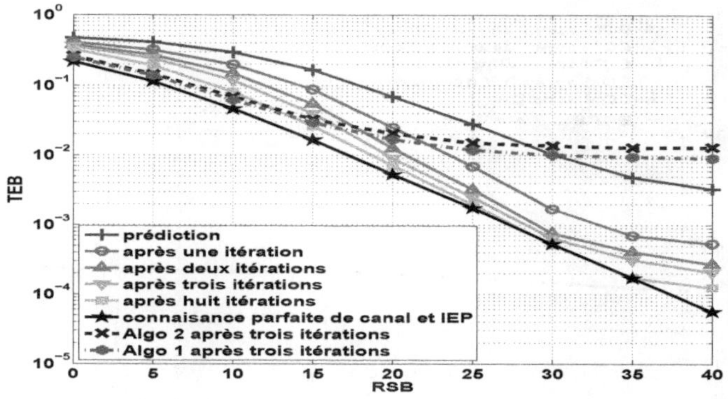

(a)

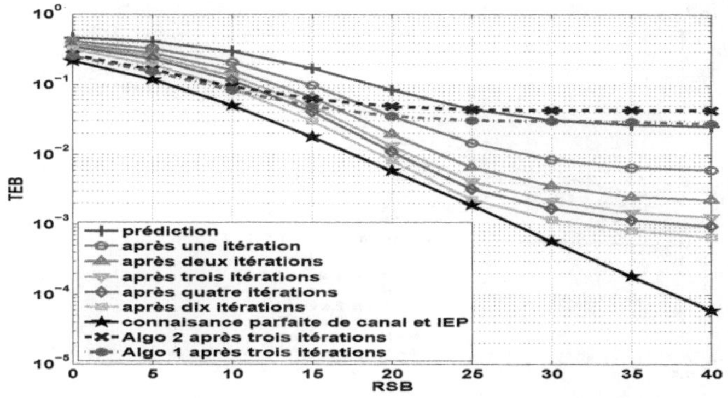

(b)

FIGURE 4.5 – TEB, $L_f = 4$: (a) $f_dT = 0.2$; (b) $f_dT = 0.3$

l'algorithme converge) augmente avec l'étalement Doppler. La figure 4.6 donne également le TEB en fonction de f_dT dans (b) pour $L_f = 8$ et 4. Il est évident que lorsqu' on utilise plus de pilotes, la performance est meilleure. De plus, les résultats montrent que, avec moins de pilotes, cet algorithme a de meilleures performances que le premier et le deuxième algorithmes. Mais de toutes manières, on peut vérifier que le premier et le deuxième algorithmes ne fonctionnent pas bien pour des $f_dT > 0.1$, même avec plus de pilotes, contrairement à l'Algorithme 3.

Enfin, rappelons nous que l'algorithme proposé est basé sur les connaissances des retards du canal, de la fréquence Doppler f_d, et des variances des gains complexes $\sigma^2_{\alpha_l}$ (pour la modélisation AR). Il est alors important maintenant d'étudier la sensibilité de notre algorithme aux erreurs d'estimation des retards, de la fréquence Doppler et des variances des gains complexes.

La figure 4.7 donne le TEB après dix itérations pour notre algorithme itératif, pour $N_c = 3$, $f_dT = 0.3$ et $L_f = 4$, avec une connaissance imparfaite des retards. La variable ET

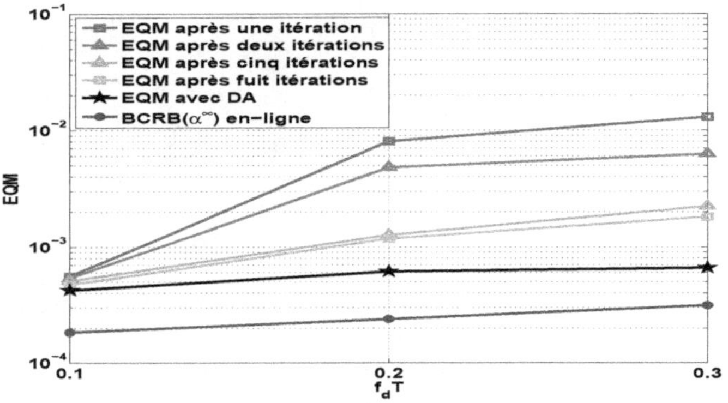

(a)

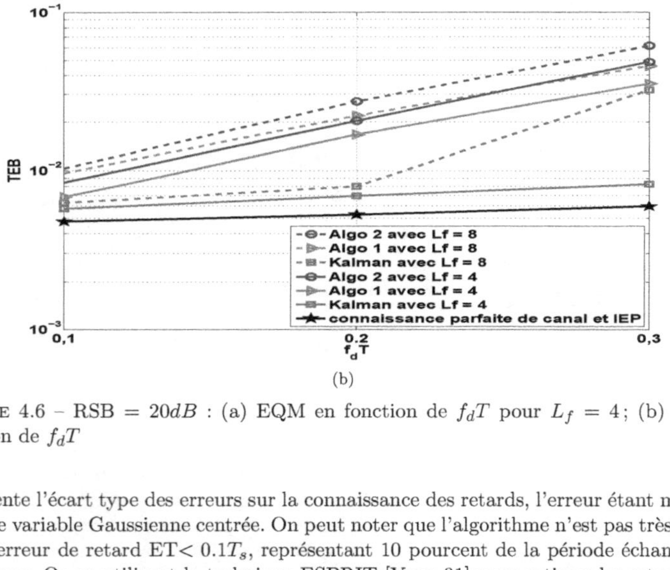

(b)

FIGURE 4.6 – RSB = $20dB$: (a) EQM en fonction de f_dT pour $L_f = 4$; (b) TEB en fonction de f_dT

représente l'écart type des erreurs sur la connaissance des retards, l'erreur étant modélisée par une variable Gaussienne centrée. On peut noter que l'algorithme n'est pas très sensible à une erreur de retard ET$< 0.1T_s$, représentant 10 pourcent de la période échantillon en écart type. Or en utilisant la technique ESPRIT [Yang 01] pour estimer les retards, nous avons obtenu ET$< 0.05T_s$, pour toutes les valeurs de RSB comme montré sur la figure 4.8. En combinant ainsi la technique ESPRIT à notre algorithme d'estimation des gains complexes, on a bien une sensibilité négligeable aux erreurs d'estimation des retards.

La figure 4.9 montre l'effet des erreurs d'estimation de la fréquence Doppler f_d et des variances des gains complexes $\sigma^2_{\alpha_l}$ sur le TEB de notre algorithme après dix itérations, pour $RSB = 30dB$, $N_c = 3$, $f_dT = 0.3$ et $L_f = 4$. On désigne par $\mathcal{E}_{f_d}$ le pourcentage d'erreur sur f_d et par $\mathcal{E}_{\sigma^2_{\alpha_l}}$ le pourcentage d'erreur sur $\sigma^2_{\alpha_l}$. Il faut noter qu'un pourcentage négatif signifie une sous-estimation du paramètre, tandis qu'un pourcentage positif signifie une sur-estimation. Par exemple $\mathcal{E}_{f_d} = \mathcal{E}_{\sigma^2_{\alpha_l}} = -10\%$ et $\mathcal{E}_{f_d} = \mathcal{E}_{\sigma^2_{\alpha_l}} = 10\%$ signifient

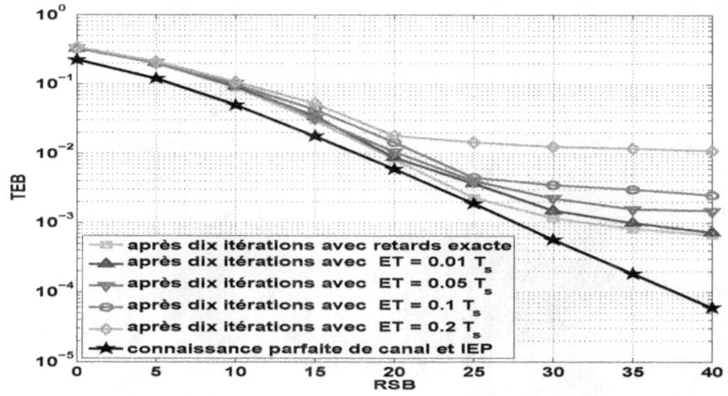

FIGURE 4.7 – TEB avec connaissance imparfaite des retards pour $f_d T = 0.3$, $N_c = 3$ et $L_f = 4$

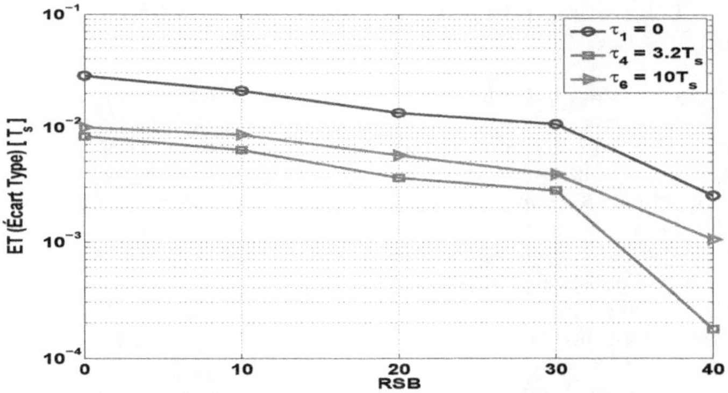

FIGURE 4.8 – Erreur d'estimation des retards pour les 1-er, 4-ème et 6-ème trajets en utilisant la technique ESPRIT (la matrice de corrélation estimée est moyennée sur 1000 symboles OFDM, *i.e*, 0.072sec), avec $f_d T = 0.3$

respectivement que ($\hat{f}_d = 0.9 f_d$, $\hat{\sigma}^2_{\alpha_l} = 0.9\sigma^2_{\alpha_l}$) et ($\hat{f}_d = 1.1 f_d$, $\hat{\sigma}^2_{\alpha_l} = 1.1\sigma^2_{\alpha_l}$). On observe que notre algorithme est d'une part plus sensible à une erreur sur f_d qu'à une erreur sur $\sigma^2_{\alpha_l}$, et d'autre part qu'il est plus sensible à une sur-estimation qu'à une sous-estimation. On peut noter qu'avec 50% d'erreur sur f_d et sur $\sigma^2_{\alpha_l}$, on a seulement une dégradation du TEB qui passe de TEB = 10^{-3} à TEB $=8.10^{-3}$. Donc, en bref, notre algorithme a une certaine robustesse aux erreurs sur la connaissance de f_d et $\sigma^2_{\alpha_l}$.

4.6 Conclusion

Dans ce chapitre, nous avons développé un algorithme itératif d'estimation des variations temporelles des gains complexes pour un canal de type Rayleigh et de suppression

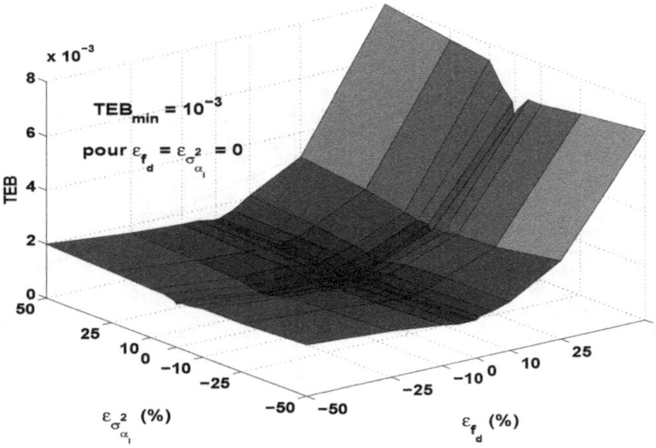

FIGURE 4.9 – TEB avec connaissance imparfaite des $\sigma_{\alpha_l}^2$ et f_d pour RSB $= 30dB$, $N_c = 3$, $f_dT = 0.3$ et $L_f = 4$

d'IEP. Cet algorithme est basé sur le filtre de Kalman et la décomposition QR. Les variations rapides des gains complexes à l'intérieur d'un symbole OFDM sont approximées par une modélisation polynomiale. En modélisant l'évolution dynamique des coefficients polynomiaux par un modèle autorégressif (AR), ces coefficients sont poursuivis et estimés en utilisant le filtre de Kalman. L'étude a montré que $N_c = 3$ coefficients par polynôme étaient suffisants, et qu'un ordre $p = 1$ était suffisant pour le modèle AR. Un détecteur QR est utilisé pour estimer les symboles de données. Il présente de meilleures performances que la méthode SSI utilisée avec les deux premiers algorithmes. L'algorithme global (Algo 3), proposé et analysé (théoriquement et en simulation) dans [Hija 08a] [Hija 10], a montré de bonnes performances pour des récepteurs à vitesses très élevées (*i.e.*, $f_dT > 0.1$), contrairement aux deux premiers algorithmes.

La sensibilité de cet algorithme a été testé pour des connaissances imparfaites des retards et on a trouvé, qu'en combinant la technique ESPRIT avec l'algorithme, cette sensibilité restait faible. De plus, on a aussi testé la sensibilité à des connaissances imparfaites des variances de gains complexes et de la fréquence Doppler et on a vérifié que cet algorithme n'était pas très sensible aux erreurs sur ces deux paramètres.

Conclusion générale et perspectives

Dans ce mémoire, nous nous sommes intéressés à l'estimation de canal radio-mobile à évolution rapide pour un système OFDM. Notre démarche a consisté à estimer l'évolution des paramètres du canal physique, plutôt que plus conventionnellement celle du canal discret équivalent ou de la fonction de transfert associée. Celà passe par une étape supplémentaire, qui est celle de l'estimation des délais de chaque trajet, avant de s'intéresser aux gains complexes de chaque trajet. La démarche ne pourra donc avoir d'intérêt que si le nombre de trajets n'est pas trop important. On cherche ainsi à poursuivre directement les paramètres variables, plutôt qu'une fonction de ceux-ci, ce qui donne satisfaction pour des étalement Doppler importants.

Nous avons développé une approximation à base de polynômes pour modéliser l'évolution des gains complexes d'un canal de Rayleigh. En se basant sur cette modélisation polynomiale, nous avons présenté une étude théorique sur les Bornes de Cramér-Rao Bayesiennes (BCRBs) pour l'estimation des gains complexes de type Rayleigh avec un spectre de Jakes dans un système OFDM, en supposant les délais des trajets connus. Ensuite, nous avons développé trois algorithmes itératifs d'estimation des variations temporelles des gains complexes (à l'intérieur d'un symbole OFDM) et de suppression d'IEP pour des récepteurs à grande mobilité.

Cette approximation polynomiale nous a permis de mesurer le nombre de coefficients nécessaires à une bonne modélisation polynomiale, en fonction de la vitesse d'évolution du canal. Nous avons vu par exemple que malgré un très fort étalement Doppler de $f_d.T = 0.5$, l'erreur de modélisation restait faible en utilisant seulement $N_c = 3$ coefficients pour le polynôme modélisant la variation du gain à l'intérieur d'un symbole OFDM.

Concernant les BCRBs, on a fourni des expressions analytiques ou approchées de la BCRB pour les deux différents scénarios de variations temporelles du canal : gain complexe «variant» et «invariant» à l'intérieur d'un symbole OFDM. Dans le cas d'un gain complexe variant durant un symbole OFDM, nous avons proposé une nouvelle BCRB (NBCRB) qui nous donne un repère pour qualifier la qualité de nos algorithmes. Nous avons démontré qu'une bonne estimation des variations temporelles des gains complexes peut être obtenue en optimisant le nombre de coefficients de la modélisation polynomiale selon le niveau de bruit et l'étalement Doppler. Ces bornes sont utiles pour analyser la performance des estimateurs des gains complexes pour les scénarios «en-ligne» et «hors-ligne» et, avec et sans connaissance des symboles OFDM (DA :data-aided et NDA :non-data-aided). En outre, nous avons montré l'intérêt (et chiffrer le gain potentiel) d'utiliser les symboles OFDM précédents dans le processus d'estimation du canal, alors qu'il faut bien noter que la plupart des méthodes de la littérature utilisent seulement le symbole courant.

Concernant les algorithmes d'estimation des gains complexes et de suppression d'IEP, les deux premiers algorithmes sont basés sur les valeurs moyennes qui sont estimées par un estimateur LS. Ils utilisent la méthode suppression successive des interférences (SSI) pour estimer les symboles de données. Le premier algorithme utilise le fait que la valeur moyenne d'un processus de Rayleigh sur une durée T est la plus proche de la valeurs centrale (en $T/2$) et ainsi il interpole dans le domaine temporel par une interpolation passe-bas (IPB) classique. Par contre, le deuxième algorithme fait une approximation polynomiale pour les variations temporelles des gains complexes sur un bloc de quelques symboles OFDM et calcule les coefficients des polynômes à partir seulement des valeurs moyennes estimées sur les symboles successifs du bloc. Ces deux premiers algorithmes ont montré de bonnes performances pour des récepteurs à vitesses modérées (*i.e.*, $f_dT \leq 0.1$). Bien qu'ils aient à peu près les mêmes performances, le deuxième algorithme est plus avantageux en terme de complexité. De plus, on a montré, qu'en combinant la technique ESPRIT avec le deuxième algorithme, la sensibilité de l'algorithme pour des connaissances imparfaites des retards est très faible.

Le dernier algorithme est basé sur le filtre de Kalman et la décomposition QR. Il modélise l'évolution des coefficients de la modélisation polynomiale à l'intérieur d'un symbole OFDM par un modèle autorégressif (AR), et les coefficients polynomiaux sont estimés en utilisant un filtre de Kalman. L'algorithme utilise un détecteur QR pour estimer les symboles de données, qui se révèle meilleur que le détecteur SSI. Cet algorithme a montré de bonnes performances pour des récepteurs à vitesses très élevées (*i.e.*, $f_dT > 0.1$), contrairement aux deux premiers algorithmes. De même, en le combinant avec la technique ESPRIT, la sensibilité de l'algorithme pour des connaissances imparfaites des retards est très faible. De plus, nous avons montré que l'algorithme n'était pas très sensible aux erreurs sur la connaissance des variances des gains complexes et de la fréquence Doppler.

Nous pouvons maintenant citer quelques perspectives à ce travail, certaines immédiates, d'autres plus lointaines.

Tout d'abord, nous avons utilisé une approximation seulement à base de polynômes pour modéliser l'évolution des gains complexes à l'intérieur d'un symbole OFDM, ainsi que pour effectuer une étude théorique sur les Bornes de Cramér-Rao Bayesiennes (BCRBs). Il serait intéressant d'étudier l'approximation avec d'autres bases, comme par exemple les fonctions de Karhunen-Loeve, les fonctions sphéroïdales allongées et les fonctions exponentielles complexes qui ont été proposés dans la littérature pour modéliser l'évolution du canal discret équivalent. Cela nous permettrait de conclure sur la modélisation la mieux adaptée pour estimer les paramètres du canal physique. On pourrait aussi chercher à mieux comparer la démarche que nous avons eu (estimer les paramètres du canal physique) avec la démarche plus conventionnelle (estimer la fonction de transfert ou le canal discret équivalent).

Dans les trois algorithmes, nous avons supposé que les symboles pilotes de type peigne sont régulièrement espacés entre les symboles de donnée. Il serait intéressant d'étudier quelle est la position optimale des symboles pilotes pour avoir la meilleure estimation des gains complexes, en fonction de la répartition des délais du canal.

Les algorithmes proposés devraient être capables de pallier dans une certaine mesure aux erreurs de synchronisation (porteuse, horloge), qui peuvent être inclues dans la matrice du canal global estimé. Cependant en pratique, les oscillateurs présentent toujours au moins un décalage constant (offset) de fréquence porteuse ou horloge, et on aurait donc intérêt à faire apparaître ce phénomène dans le modèle, afin de réaliser une estimation conjointe du canal et de ces décalages. Cette extension ne devrait pas poser trop de problème, y compris au niveau des performances. Si tel n'était pas le cas, on pourrait pour des scénarios plus difficiles utiliser des techniques d'estimation non-linéaires à la place du filtre de Kalman. Concernant aussi les aspects codage, l'extension des algorithmes pour intégrer le décodage conjoint ne devrait pas poser de difficulté, comme nous l'avons d'ailleurs illustré dans le chapitre 3, avec l'Algorithme 2.

Enfin, tout ce travail a été réalisé dans le cadre d'une seule antenne en émission et en réception. Il serait intéressant d'étendre les algorithmes pour le cas d'antennes multiples (émission / réception).

Annexes

Annexe A

Démonstration de l'équation (1.41)

Dans cette annexe, on va démontrer la propriété (1.41). En effet, la transformation de Fourier de $g(t,\tau) = (g_e \otimes h \otimes g_r)(\tau)$ par rapport à τ est donnée par :

$$G(t,f) \;=\; \mathrm{TF}_\tau\big[g(t,\tau)\big] \;=\; G_e(f)H(t,f)G_r(f) \tag{A.1}$$

avec $G_e(f)$ et $G_r(f)$ sont respectivement les transformés de Fourier des filtres $g_e(t)$ et $g_r(t)$.
La TF pour un filtre échantillonné $g(t, dT_s)$ peut être obtenue de deux manières différentes :

$$G_{ech}(t,f) \;=\; \mathrm{TF}\big[g(t,dT_s)\big] \;=\; \sum_{s=-\infty}^{+\infty} G(t, f - sW) \tag{A.2}$$

$$\;=\; \mathrm{TZ}\big[g(t,dT_s)\big]\big|_{z=e^{-j2\pi f T_s}} \;=\; \sum_{d=-\infty}^{+\infty} g(t,dT_s)e^{-j2\pi d f T_s} \tag{A.3}$$

avec TZ est la transformation en z. Les deux filtres d'émission et de réception sont des filtres passe-bas et $G(t,f)$ est défini pour $f \in \big[-\frac{W}{2}, \frac{W}{2}\big]$. On peut donc écrire pour $f \in \big[-\frac{W}{2}, \frac{W}{2}\big]$:

$$G_{ech}(t,f) \;=\; G(t,f) \;=\; \sum_{d=-\infty}^{+\infty} g\big(t,dT_s\big)e^{-j2\pi d f T_s} \tag{A.4}$$

En échantillonnant (A.4) à la fréquence $f = b\frac{W}{N}$, avec $b \in \big[-\frac{N}{2}, \frac{N}{2} - 1\big]$, on obtient :

$$\sum_{d=-\infty}^{+\infty} g\big(t,dT_s\big)e^{-j2\pi \frac{bd}{N}} \;=\; G_e\Big(b\frac{W}{N}\Big)G_r\Big(b\frac{W}{N}\Big)H\Big(t,b\frac{W}{N}\Big) \tag{A.5}$$

Annexe B

Régression polynomiale

Étant donné une série de v points $\boldsymbol{\alpha}_l^{(n)} = \left[\alpha_l^{(n)}(-N_gT_s), ..., \alpha_l^{(n)}((N-1)T_s)\right]^T$ dans le plan cartésien, on veut faire passer le plus près possible des v points donnés, une courbe polynomiale de degré $N_c - 1$ imposé. Ainsi, pour $q \in [-N_g, N-1]$, on peut écrire $\alpha_l^{(n)}(qT_s)$ sous la forme :

$$\alpha_l^{(n)}(qT_s) \quad = \quad \sum_{d=1}^{N_c} c_{d,l}^{(n)} \, q^{d-1} + \xi_l^{(n)}[q] \tag{B.1}$$

avec $\mathbf{c}_l^{(n)} = [c_{1,l}^{(n)}, ..., c_{N_c,l}^{(n)}]^T$ sont les N_c coefficients de la courbe polynomiale et $\xi_l^{(n)}[q]$ est l'erreur du modèle. On utilise la méthode des moindres carrés pour déterminer la valeur optimale des coefficients de la courbe polynomiale de regression de degré $N_c - 1$:

$$\boldsymbol{\alpha}_{\mathbf{pol}_l}^{(n)} \quad = \quad \mathbf{Q}^T \mathbf{c}_l^{(n)} \tag{B.2}$$

où $\mathbf{Q}$ est une matrice de taille $N_c \times v$ définie par (2.5). Autrement dit il faut trouver les coefficients $\mathbf{c}_l^{(n)}$ tels que l'écart quadratique ${\boldsymbol{\xi}_l^{(n)}}^H \boldsymbol{\xi}_l^{(n)}$ soit minimal où $\boldsymbol{\xi}_l^{(n)} = \left[\xi_l^{(n)}[-N_g], ..., \xi_l^{(n)}[N-1]\right]^T$ est le vecteur d'erreur du modèle donné par :

$$\boldsymbol{\xi}_l^{(n)} \quad = \quad \boldsymbol{\alpha}_l^{(n)} - \boldsymbol{\alpha}_{\mathbf{pol}_l}^{(n)} \tag{B.3}$$

L'écart quadratique à minimiser s'écrit alors :

$${\boldsymbol{\xi}_l^{(n)}}^H \boldsymbol{\xi}_l^{(n)} \quad = \quad {\boldsymbol{\alpha}_l^{(n)}}^H \boldsymbol{\alpha}_l^{(n)} + {\mathbf{c}_l^{(n)}}^H \mathbf{Q}\mathbf{Q}^T \mathbf{c}_l^{(n)} - {\boldsymbol{\alpha}_l^{(n)}}^H \mathbf{Q}^T \mathbf{c}_l^{(n)} - {\mathbf{c}_l^{(n)}}^H \mathbf{Q} \boldsymbol{\alpha}_l^{(n)} \tag{B.4}$$

En effectuant la dérivée de l'écart quadratique par rapport à $\mathbf{c}_l^{(n)}$, on obtient :

$$\nabla_{\mathbf{c}_l^{(n)}} {\boldsymbol{\xi}_l^{(n)}}^H \boldsymbol{\xi}_l^{(n)} \quad = \quad \mathbf{Q}\mathbf{Q}^T \mathbf{c}_l^{(n)*} - \mathbf{Q} \boldsymbol{\alpha}_l^{(n)*} \tag{B.5}$$

Pour obtenir le minimum de l'écart quadratique, l'annulation de la dérivée de ${\boldsymbol{\xi}_l^{(n)}}^H \boldsymbol{\xi}_l^{(n)}$ par rapport à $\mathbf{c}_l^{(n)}$ nous donne :

$$\mathbf{c}_l^{(n)} \quad = \quad \left(\mathbf{Q}\mathbf{Q}^T\right)^{-1} \mathbf{Q} \boldsymbol{\alpha}_l^{(n)} \tag{B.6}$$

Annexe C

Matrice du canal et modèle d'observation

Dans cette annexe, on va détailler le calcul pour obtenir la matrice du canal et le modèle d'observation dans le cadre d'une régression polynomiale, donnés respectivement par (4.2) et (2.10). Premièrement, on va calculer la matrice du canal pour des gains complexes à variations polynomiales. En effet, en remplaçant $\alpha_l^{(n)}(qT_s)$ par $\alpha_{\text{pol}_l}^{(n)}(qT_s) = \sum_{d=1}^{N_c} c_{d,l}^{(n)}\, q^{d-1}$ dans l'équation (2.1), on obtient :

$$
\begin{aligned}
\left[\mathbf{H}_{(n)}\right]_{k,m} &= \frac{1}{N}\sum_{l=1}^{L}\left[e^{-j2\pi(\frac{m-1}{N}-\frac{1}{2})\tau_l}\sum_{q=0}^{N-1}\alpha_{\text{pol}_l}^{(n)}(qT_s)e^{j2\pi\frac{m-k}{N}q}\right] && \text{(C.1)}\\
&= \frac{1}{N}\sum_{d=1}^{N_c}\sum_{l=1}^{L}\left[c_{d,l}^{(n)}e^{-j2\pi(\frac{m-1}{N}-\frac{1}{2})\tau_l}\sum_{q=0}^{N-1}q^{d-1}e^{j2\pi\frac{m-k}{N}q}\right] && \text{(C.2)}\\
&= \frac{1}{N}\sum_{d=1}^{N_c}\sum_{l=1}^{L}c_{d,l}^{(n)}\left[\mathbf{M}_d\right]_{k,m}\left[\mathbf{F}\right]_{m,l} && \text{(C.3)}
\end{aligned}
$$

où $\mathbf{F}$ est la matrice de TF de taille $N \times L$ donnée par (1.30) et $\mathbf{M}_d$ est la matrice de taille $N \times N$ donnée par (2.13). Ainsi, on peut écrire la matrice du canal avec la modélisation polynomiale comme suit :

$$
\begin{aligned}
\mathbf{H}_{(n)} &= \frac{1}{N}\sum_{d=1}^{N_c}\sum_{l=1}^{L}c_{d,l}^{(n)}\,\mathbf{M}_d\,\text{diag}\{\mathbf{f}_l\} && \text{(C.4)}\\
&= \frac{1}{N}\sum_{d=1}^{N_c}\mathbf{M}_d\left[\sum_{l=1}^{L}c_{d,l}^{(n)}\text{diag}\{\mathbf{f}_l\}\right] && \text{(C.5)}\\
&= \frac{1}{N}\sum_{d=1}^{N_c}\mathbf{M}_d\,\text{diag}\{\mathbf{F}\boldsymbol{\chi}_d^{(n)}\} && \text{(C.6)}
\end{aligned}
$$

où $\mathbf{f}_l$ est la l-ème colonne de la matrice $\mathbf{F}$ et $\boldsymbol{\chi}_d^{(n)} = \left[c_{d,1}^{(n)},...,c_{d,L}^{(n)}\right]^T$.

Maintenant, on va démontrer le modèle d'observation donné par l'équation (2.10). En effet, en utilisant (C.6), on peut écrire :

$$
\begin{aligned}
\mathbf{H}_{(n)}\mathbf{x}_{(n)} &= \frac{1}{N}\sum_{d=1}^{N_c} \mathbf{M}_d \ \mathrm{diag}\{\mathbf{F}\chi_d^{(n)}\} \ \mathbf{x}_{(n)} && \text{(C.7)}\\
&= \frac{1}{N}\sum_{d=1}^{N_c} \mathbf{M}_d \ \mathrm{diag}\{\mathbf{x}_{(n)}\} \ \mathbf{F} \ \chi_d^{(n)} && \text{(C.8)}\\
&= \frac{1}{N}\sum_{l=1}^{L}\sum_{d=1}^{N_c} \mathbf{M}_d \ \mathrm{diag}\{\mathbf{x}_{(n)}\} \ \mathbf{f}_l \ c_{d,l}^{(n)} && \text{(C.9)}\\
&= \frac{1}{N}\sum_{l=1}^{L} \mathbf{Z}_l^{(n)} \ \mathbf{c}_l^{(n)} && \text{(C.10)}\\
&= \boldsymbol{\mathcal{K}}_{(n)} \ \mathbf{c}_{(n)} && \text{(C.11)}
\end{aligned}
$$

où $\mathbf{Z}_l^{(n)}$ est une matrice de taille $N \times N_c$ définie par (2.12), $\boldsymbol{\mathcal{K}}_{(n)}$ est une matrice de taille $N \times LN_c$ définie par (2.11), $\mathbf{c}_l^{(n)} = [c_{1,l}^{(n)}, ..., c_{N_c,l}^{(n)}]^T$ et $\mathbf{c}_{(n)} = [\mathbf{c}_1^{(n)T}, ..., \mathbf{c}_L^{(n)T}]^T$. Par conséquent, en ajoutant l'erreur due à l'approximation polynomiale $\boldsymbol{\epsilon}_{(n)}$ et le bruit d'observation $\mathbf{w}_{(n)}$, on obtient le modèle d'observation avec une modélisation polynomiale donné par (2.10).

Annexe D

Évaluation de la matrice de corrélation $\mathcal{R}$

Dans cette annexe, on va détailler le calcul pour obtenir l'expression de la matrice de corrélation $\mathcal{R}$ de l'erreur de l'approximation polynomiale dans le modèle d'observation, $\epsilon_{(n)} = \mathbf{H}_{\boldsymbol{\xi}_{(n)}}\, \mathbf{x}_{(n)}$, dans les deux contextes DA et NDA. La matrice de corrélation $\mathcal{R}$ de taille $N \times N$ est définie par :

$$\mathcal{R} \;=\; \mathrm{E}\left[\epsilon_{(n)}\epsilon_{(n)}^{H}\right] \;=\; \mathrm{E}\left[\mathbf{H}_{\boldsymbol{\xi}_{(n)}}\, \mathbf{x}_{(n)}\mathbf{x}_{(n)}^{H}\, \mathbf{H}_{\boldsymbol{\xi}_{(n)}}^{H}\right] \tag{D.1}$$

Ainsi, les éléments de la matrice $\mathcal{R}$ sont donnés par :

$$\begin{aligned} [\mathcal{R}]_{k,m} &= \mathrm{E}\left[\sum_{u_1=1}^{N}\sum_{u_2=1}^{N}[\mathbf{H}_{\boldsymbol{\xi}_{(n)}}]_{k,u_1}[\mathbf{H}_{\boldsymbol{\xi}_{(n)}}]^{*}_{m,u_2}[\mathbf{x}_{(n)}]_{u_1}[\mathbf{x}_{(n)}]^{*}_{u_2}\right] \\ &= \sum_{u_1=1}^{N}\sum_{u_2=1}^{N}\mathrm{E}\Big[[\mathbf{H}_{\boldsymbol{\xi}_{(n)}}]_{k,u_1}[\mathbf{H}_{\boldsymbol{\xi}_{(n)}}]^{*}_{m,u_2}\Big]\mathrm{E}\Big[[\mathbf{x}_{(n)}]_{u_1}[\mathbf{x}_{(n)}]^{*}_{u_2}\Big] \end{aligned} \tag{D.2}$$

car les éléménts $[\mathbf{H}_{\boldsymbol{\xi}_{(n)}}]_{k,m}$ et $[\mathbf{x}_{(n)}]_k$ sont non corrélés. En utilisant (2.15), la première espérance dans l'équation (D.2) peut être calculée comme :

$$\begin{aligned} \mathrm{E}\Big[[\mathbf{H}_{\boldsymbol{\xi}_{(n)}}]_{k,u_1}[\mathbf{H}_{\boldsymbol{\xi}_{(n)}}]^{*}_{m,u_2}\Big] &= \tfrac{1}{N^2}\sum_{l=1}^{L} e^{j2\pi\frac{u_2-u_1}{N}\tau_l}\left[\sum_{q_1=0}^{N-1}\sum_{q_2=0}^{N-1}\mathrm{E}\Big[\xi_l^{(n)}(q_1T_s)\xi_l^{(n)*}(q_2T_s)\Big]e^{j2\pi\frac{u_1-k}{N}q_1}e^{-j2\pi\frac{u_2-m}{N}q_2}\right] \\ &= \tfrac{1}{N^2}\sum_{l=1}^{L}\sigma^2_{\alpha_l}e^{j2\pi\frac{u_2-u_1}{N}\tau_l}\left[\sum_{q_1=0}^{N-1}\sum_{q_2=0}^{N-1}[\boldsymbol{\Gamma}]_{q_1+1,q_2+1}e^{j2\pi\frac{u_1-k}{N}q_1}e^{-j2\pi\frac{u_2-m}{N}q_2}\right] \end{aligned} \tag{D.3}$$

car les L différentes erreurs du modèle $\{\xi[qT_s]\}$ sont non corrélées, avec $\boldsymbol{\Gamma}$ est définie par (2.35).

Dans le contexte NDA, on a $\mathrm{E}\Big[[\mathbf{x}_{(n)}]_{u_1}[\mathbf{x}_{(n)}]^{*}_{u_2}\Big] = \delta_{u_1,u_2}$ car les symboles de données inconnus sont non corrélés et normalisés, où $\delta_{k,m}$ est le symbole de Kronecker. Ainsi, en utilisant (D.3), l'équation (D.2) devient comme :

$$\begin{aligned} [\mathcal{R}]_{k,m}\ (\mathrm{NDA}) &= \frac{\beta}{N^2}\sum_{q_1=0}^{N-1}\sum_{q_2=0}^{N-1}[\boldsymbol{\Gamma}]_{q_1+1,q_2+1}e^{j2\pi\frac{mq_2-kq_1}{N}}\sum_{u=1}^{N}e^{-j2\pi\frac{q_1-q_2}{N}u} \\ &= \frac{\beta}{N}\sum_{q=0}^{N-1}[\boldsymbol{\Gamma}]_{q+1,q+1}e^{j2\pi\frac{m-k}{N}q} \end{aligned} \tag{D.4}$$

avec $\beta = \sum_{l=1}^{L} \sigma_{\alpha_l}^2$ et, par conséquent, on obtient la matrice de corrélation $\boldsymbol{\mathcal{R}}$ en contexte NDA comme définie par (2.33).

Dans le contexte DA, les symboles de données sont connus au récepteur et donc une moyennage sur les données n'est pas nécessaire. Ainsi, en utilisant (D.3), l'équation (D.2) devient comme :

$$\begin{aligned} [\boldsymbol{\mathcal{R}}_{(n)}]_{k,m} \ (\mathrm{DA}) &= \frac{1}{N^2} \sum_{q_1=0}^{N-1} \sum_{q_2=0}^{N-1} [\boldsymbol{\Gamma}]_{q_1+1,q_2+1} e^{j2\pi \frac{mq_2-kq_1}{N}} \sum_{l=1}^{L} \sum_{u_1=1}^{N} \sum_{u_2=1}^{N} \sigma_{\alpha_l}^2 [\mathbf{x}_{(n)}]_{u_1} [\mathbf{x}_{(n)}]_{u_2}^* e^{j2\pi \frac{q_1-\tau_l}{N} u_1} e^{-j2\pi \frac{q_2-\tau_l}{N} u_2} \\ &= \frac{1}{N^2} \sum_{q_1=0}^{N-1} \sum_{q_2=0}^{N-1} [\boldsymbol{\Gamma}]_{q_1+1,q_2+1} [\boldsymbol{\mathcal{Z}}_{(n)}]_{q_1+1,q_2+1} e^{j2\pi \frac{mq_2-kq_1}{N}} \end{aligned} \tag{D.5}$$

où la matrice $\boldsymbol{\mathcal{Z}}_{(n)}$ est définie par (2.52) et, par conséquent, on obtient la matrice de corrélation $\boldsymbol{\mathcal{R}}_{(n)}$ en contexte NDA comme définie par (2.51).

Annexe E

Évaluation de $\mathbf{J}_m$

Dans cette annexe, on va détailler le calcul pour obtenir l'expression de $\mathbf{J}_m$ définie par (2.40). En utilisant la définition de $\boldsymbol{\mathcal{K}}_{(n)}$ par (2.11), on obtient :

$$\mathbf{A} \;=\; \boldsymbol{\mathcal{K}}_{(n)}^H \boldsymbol{\Omega}^{-1} \boldsymbol{\mathcal{K}}_{(n)} \;=\; \frac{1}{N^2} \begin{bmatrix} \mathbf{A}_{1,1} & \cdots & \mathbf{A}_{1,L} \\ \vdots & \ddots & \vdots \\ \mathbf{A}_{L,1} & \cdots & \mathbf{A}_{L,L} \end{bmatrix} \tag{E.1}$$

où $\mathbf{A}_{l,l'} = \mathbf{Z}_l^{(n)^H} \boldsymbol{\Omega}^{-1} \mathbf{Z}_{l'}^{(n)}$ est une matrice de taille $N_c \times N_c$ dont les éléments sont donnés par :

$$\left[\mathbf{A}_{l,l'}\right]_{d,d'} \;=\; \mathbf{f}_l^H \mathrm{diag}\{\mathbf{x}_{(n)}^H\} \mathbf{M}_d^H \boldsymbol{\Omega}^{-1} \mathbf{M}_{d'} \mathrm{diag}\{\mathbf{x}_{(n)}\} \mathbf{f}_{l'} \tag{E.2}$$

En faisant l'espérance de (E.2) par rapport à $\mathbf{x}$ et en utilisant le fait que les symboles sont normalisés et non corrélés, on obtient :

$$\mathrm{E}_{\mathbf{x}}\Big[\left[\mathbf{A}_{l,l'}\right]_{d,d'}\Big] \;=\; \mathbf{f}_l^H \boldsymbol{\mathcal{M}}_{d,d'} \mathbf{f}_{l'} \tag{E.3}$$

où $\boldsymbol{\mathcal{M}}_{d,d'}$ est une matrice de taille $N \times N$ définie par (2.43). D'où, on obtient que :

$$\mathrm{E}_{\mathbf{x}}\Big[\mathbf{A}_{l,l'}\Big] \;=\; \boldsymbol{\mathcal{F}}_l^H \boldsymbol{\mathcal{M}}_{d,d'} \boldsymbol{\mathcal{F}}_{l'} \tag{E.4}$$

où $\boldsymbol{\mathcal{F}}_l$ est une matrice de taille $NN_c \times N_c$ définie par (2.44). Par conséquent, on obtient l'expression de $\mathbf{J}_m$ donnée par (2.40).

Annexe F

Calcul des expressions (2.55) et (2.56)

Dans cette annexe, on va donner le calcul détaillé pour obtenir les deux expressions (2.55) et (2.56). En insérant l'équation (2.36) dans (2.32), on obtient :

$$\ln\left(p(\mathbf{y}_{(n)}|\mathbf{c}_{(n)})\right) = -\frac{1}{\sigma^2}\left(\mathbf{y}_{(n)}^H\mathbf{y}_{(n)} + \mathbf{m}_{(n)}^H\mathbf{m}_{(n)}\right) + \ln\left(\frac{p(\mathbf{x}_{(n)})}{|\pi\sigma^2\mathbf{I}_N|}\sum_{\mathbf{x}_{(n)}} e^{\frac{2}{\sigma^2}\mathrm{Re}\left(\mathbf{y}_{(n)}^H\mathbf{m}_{(n)}\right)}\right) \quad (F.1)$$

car les symboles normalisés 4-QAM sont équiprobables ($i.e., p(\mathbf{x}_{(n)}) = \frac{1}{4^N}$). Cependant, dans ce cas $\mathbf{m}_{(n)} = \mathrm{diag}\{\mathbf{x}_{(n)}\}\mathbf{F}\mathbf{c}_{(n)}$, alors $\mathbf{y}_{(n)}^H\mathbf{m}_{(n)} = \sum_{k=1}^{N} a_n(k)[\mathbf{x}_{(n)}]_k$ où $a_n(k)$ est défini par :

$$a_n(k) = [\mathbf{y}_{(n)}]_k^* \mathbf{g}_k^T \mathbf{c}_{(n)} \quad (F.2)$$

Donc, on obtient :

$$\sum_{\mathbf{x}_{(n)}} e^{\frac{2}{\sigma^2}\mathrm{Re}\left(\mathbf{y}_{(n)}^H\mathbf{m}_{(n)}\right)} = \prod_{k=1}^{N}\left(\sum_{[\mathbf{x}_{(n)}]_k} e^{\frac{2}{\sigma^2}\mathrm{Re}\left(a_n(k)[\mathbf{x}_{(n)}]_k\right)}\right) \quad (F.3)$$

Comme on a $[\mathbf{x}_{(n)}]_k = \frac{1}{\sqrt{2}}(\pm 1 \pm j)$ (*i.e.*, symboles normalisés 4-QAM), alors on obtient :

$$\sum_{[\mathbf{x}_{(n)}]_k} e^{\frac{2}{\sigma^2}\mathrm{Re}\left(a_n(k)[\mathbf{x}_{(n)}]_k\right)} = 4\cosh\left(\frac{\sqrt{2}}{\sigma^2}\mathrm{Re}\big(a_n(k)\big)\right)\cosh\left(\frac{\sqrt{2}}{\sigma^2}\mathrm{Im}\big(a_n(k)\big)\right) \quad (F.4)$$

En insérant ce résultat dans l'équation (F.1), on obtient l'expression donnée par (2.55). En effectuant la dérivée seconde de l'équation (2.55) par rapport à $\mathbf{c}_{(n)}$ et en utilisant les résultats ci-dessous :

$$\nabla_{\mathbf{c}_{(n)}}\mathrm{Re}\big(a_n(k)\big) = \frac{1}{2}[\mathbf{y}_{(n)}]_k^*\mathbf{g}_k \quad (F.5)$$

$$\nabla_{\mathbf{c}_{(n)}}\mathrm{Im}\big(a_n(k)\big) = \frac{1}{2j}[\mathbf{y}_{(n)}]_k^*\mathbf{g}_k \quad (F.6)$$

on obtient finalement l'expression donnée par (2.56).

Annexe G

Évaluation de $\mathbf{J}_l$

Dans cette annexe, on va détailler le calcul pour obtenir l'expression de $\mathbf{J}_l$ définie par (2.60). En insérant la définition de $a_n(k)$ donnée par (F.2) dans l'équation (2.59) et en remplaçant le résultat dans l'équation (2.31), on obtient :

$$\mathbf{J}_l = \frac{1}{\sigma^2}\mathbf{F}^H\mathbf{F}$$

$$-\frac{1}{\sigma^4}\sum_{k=1}^{N}\mathbf{g}_k^*\mathrm{E}_{\mathbf{c}}\mathrm{E}_{\mathbf{y}|\mathbf{c}}\left[[\mathbf{y}_{(n)}]_k[\mathbf{y}_{(n)}]_k^*\right]\mathbf{g}_k^T+\frac{1}{\sigma^8}\sum_{k=1}^{N}\mathbf{g}_k^*\mathbf{g}_k^T\mathrm{E}_{\mathbf{c}}\left[\mathbf{c}_{(n)}\mathbf{c}_{(n)}^H\mathbf{g}_k^*\mathrm{E}_{\mathbf{y}|\mathbf{c}}\left[\left([\mathbf{y}_{(n)}]_k[\mathbf{y}_{(n)}]_k^*\right)^2\right]\right]\mathbf{g}_k^T \tag{G.1}$$

En utilisant que $[\mathbf{y}_{(n)}]_k = [\mathbf{x}_{(n)}]_k\mathbf{g}_k^T\mathbf{c}_{(n)} + [\mathbf{w}_{(n)}]_k$, que les symboles normalisés 4-QAM et le bruit sont indépendants et en utilisant les résultats ci-dessous :

$$\mathrm{E}_{[\mathbf{x}_{(n)}]_k}\left[[\mathbf{x}_{(n)}]_k^2\right] = \mathrm{E}_{[\mathbf{w}_{(n)}]_k}\left[[\mathbf{w}_{(n)}]_k^2\right] = 0 \tag{G.2}$$

$$\mathrm{E}_{[\mathbf{w}_{(n)}]_k}\left[[\mathbf{w}_{(n)}]_k^2[\mathbf{w}_{(n)}]_k^{*2}\right] = 2\sigma^4 \tag{G.3}$$

on obtient que :

$$\mathrm{E}_{\mathbf{y}|\mathbf{c}}\left[[\mathbf{y}_{(n)}]_k[\mathbf{y}_{(n)}]_k^*\right] = \mathbf{g}_k^T\mathbf{c}_{(n)}\mathbf{c}_{(n)}^H\mathbf{g}_k^* + \sigma^2 \tag{G.4}$$

$$\mathrm{E}_{\mathbf{y}|\mathbf{c}}\left[\left([\mathbf{y}_{(n)}]_k[\mathbf{y}_{(n)}]_k^*\right)^2\right] = 2\sigma^4 + 4\sigma^2\mathbf{g}_k^T\mathbf{c}_{(n)}\mathbf{c}_{(n)}^H\mathbf{g}_k^* + \mathbf{g}_k^T\mathbf{c}_{(n)}\mathbf{c}_{(n)}^H\mathbf{g}_k^*\mathbf{g}_k^T\mathbf{c}_{(n)}\mathbf{c}_{(n)}^H\mathbf{g}_k^* \tag{G.5}$$

Par conséquent, $\mathbf{J}_l$ devient :

$$\begin{aligned}\mathbf{J}_l &= \frac{1}{\sigma^4}\sum_{k=1}^{N}\mathbf{V}_k\mathrm{E}_{\mathbf{c}}\left[\mathbf{c}_{(n)}\mathbf{c}_{(n)}^H\right]\mathbf{V}_k + \frac{4}{\sigma^6}\sum_{k=1}^{N}\mathbf{V}_k\mathrm{E}_{\mathbf{c}}\left[\mathbf{c}_{(n)}\mathbf{c}_{(n)}^H\mathbf{V}_k\mathbf{c}_{(n)}\mathbf{c}_{(n)}^H\right]\mathbf{V}_k \\ &+\frac{1}{\sigma^8}\sum_{k=1}^{N}\mathbf{V}_k\mathrm{E}_{\mathbf{c}}\left[\mathbf{c}_{(n)}\mathbf{c}_{(n)}^H\mathbf{V}_k\mathbf{c}_{(n)}\mathbf{c}_{(n)}^H\mathbf{V}_k\mathbf{c}_{(n)}\mathbf{c}_{(n)}^H\right]\mathbf{V}_k\end{aligned} \tag{G.6}$$

avec $\mathbf{V}_k = \mathbf{g}_k^*\mathbf{g}_k^T$ est une matrice de taille $L \times L$. Soient les deux matrices suivantes :

$$\mathbf{T}_1 = \mathbf{c}_{(n)}\mathbf{c}_{(n)}^H\mathbf{V}_k\mathbf{c}_{(n)}\mathbf{c}_{(n)}^H \tag{G.7}$$

$$\mathbf{T}_2 = \mathbf{c}_{(n)}\mathbf{c}_{(n)}^H\mathbf{V}_k\mathbf{c}_{(n)}\mathbf{c}_{(n)}^H\mathbf{V}_k\mathbf{c}_{(n)}\mathbf{c}_{(n)}^H \tag{G.8}$$

dont les éléments sont donnés par :

$$[\mathbf{T}_1]_{l,l'} = \sum_{l_1=1}^{L}\sum_{l_2=1}^{L} [\mathbf{V}_k]_{l1,l2}[\mathbf{c}_{(n)}]_l[\mathbf{c}_{(n)}]_{l_2}[\mathbf{c}_{(n)}]^*_{l'}[\mathbf{c}_{(n)}]^*_{l_1} \tag{G.9}$$

$$[\mathbf{T}_2]_{l,l'} = \sum_{l_1=1}^{L}\sum_{l_2=1}^{L}\sum_{l_3=1}^{L}\sum_{l_4=1}^{L} [\mathbf{V}_k]_{l1,l2}[\mathbf{V}_k]_{l3,l4}[\mathbf{c}_{(n)}]_l[\mathbf{c}_{(n)}]_{l_2}[\mathbf{c}_{(n)}]_{l_4}[\mathbf{c}_{(n)}]^*_{l'}[\mathbf{c}_{(n)}]^*_{l_1}[\mathbf{c}_{(n)}]^*_{l_3} \tag{G.10}$$

En utilisant que :

$$\mathbf{D} = \mathrm{E}_{\mathbf{c}}\left[\mathbf{c}_{(n)}\mathbf{c}^H_{(n)}\right] = \mathrm{diag}\left\{\sigma^2_{\alpha_1}...,\sigma^2_{\alpha_L}\right\} \tag{G.11}$$

$$\mathrm{E}_{[\mathbf{c}_{(n)}]_l}\left[[\mathbf{c}_{(n)}]^2_l\right] = 0 \tag{G.12}$$

et les définitions des moments de quatrième et sixième ordres des variables complexes Gaussiennes, on obtient :

$$\mathrm{E}_{\mathbf{c}}[\mathbf{T}_1] = \mathbf{D}\mathbf{V}_k\mathbf{D} + \mathrm{Tr}(\mathbf{V}_k\mathbf{D})\mathbf{D} \tag{G.13}$$

$$\mathrm{E}_{\mathbf{c}}[\mathbf{T}_2] = 2\mathbf{D}\mathbf{V}_k\mathbf{D}\mathbf{V}_k\mathbf{D} + 2\mathrm{Tr}(\mathbf{V}_k\mathbf{D})\mathbf{D}\mathbf{V}_k\mathbf{D} + \mathrm{Tr}(\mathbf{V}_k\mathbf{D}\mathbf{V}_k\mathbf{D})\mathbf{D} + \left(\mathrm{Tr}(\mathbf{V}_k\mathbf{D})\right)^2\mathbf{D} \tag{G.14}$$

De plus, en utilisant que :

$$\mathbf{g}_k^T\mathbf{D}\mathbf{g}_k^* = \mathrm{Tr}(\mathbf{V}_k\mathbf{D}) = \textstyle\sum_{l=1}^{L}\sigma^2_{\alpha_l} = \beta \tag{G.15}$$

$$\mathrm{Tr}(\mathbf{V}_k\mathbf{D}\mathbf{V}_k\mathbf{D}) = \beta^2 \tag{G.16}$$

$$\mathbf{D}\mathbf{V}_k\mathbf{D}\mathbf{V}_k\mathbf{D} = \beta\mathbf{D}\mathbf{V}_k\mathbf{D} \tag{G.17}$$

et en insérant ces résultats dans l'équation (G.6), on obtient finalement l'expression de $\mathbf{J}_l$ donnée par (2.60).

Annexe H

Démonstration de l'inégalité (2.65)

Dans cette annexe, on va démontrer l'inégalité donnée par (2.65). À partir de la définition de $\mathbf{J}_{min}$, on a $\mathbf{J}_{min} \leq \mathbf{J}_m = \mathbf{J}_h$ et donc on obtient la première inégalité dans (2.65), *i.e.*, $\mathbf{BCRBM(c)} \leq \mathbf{BCRBA(c)}$. Pour démontrer la deuxième inégalité dans (2.65), il faut montrer que $\mathbf{J} \leq \mathbf{J}_{min}$.

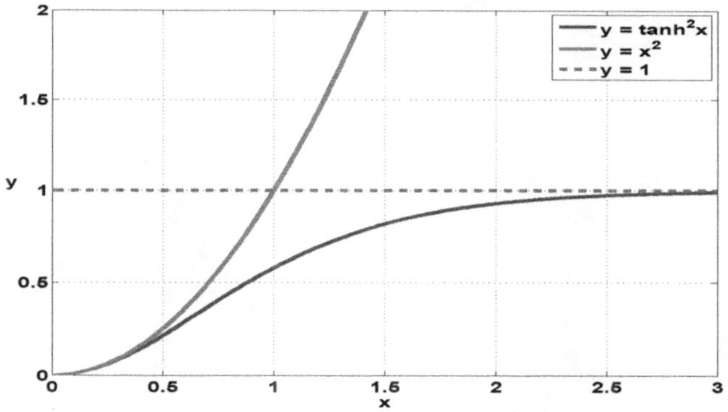

FIGURE H.1 – the $\tanh^2(\cdot)$ function

À partir de la figure H.1, on remarque que la fonction $\tanh^2(x)$ est tangente à la courbe $y = x^2$ en $x = 0$ et a $y = 1$ comme asymptote horizontale. Par conséquent, on peut écrire, pour tout $x \geq 0$, les deux propriétés ci-dessous :

$$\tanh^2(x) \;\leq\; 1 \quad \text{et} \quad \tanh^2(x) \;\leq\; x^2 \tag{H.1}$$

En utilisant ces deux propriétés, on obtient à partir de l'équation (2.56) que :

$$\Delta_{\mathbf{c}_{(n)}}^{\mathbf{c}_{(n)}} \ln\left(p(\mathbf{y}_{(n)}|\mathbf{c}_{(n)})\right) \;\geq\; -\frac{1}{\sigma^2}\mathbf{F}^H\mathbf{F} \tag{H.2}$$

$$\Delta_{\mathbf{c}_{(n)}}^{\mathbf{c}_{(n)}} \ln\left(p(\mathbf{y}_{(n)}|\mathbf{c}_{(n)})\right) \;\geq\; -\frac{1}{\sigma^2}\mathbf{F}^H\mathbf{F} + \sum_{k=1}^{N}\left[\frac{1}{\sigma^8}[\mathbf{y}_{(n)}]_k[\mathbf{y}_{(n)}]_k^*\mathbf{g}_k^*\mathbf{g}_k^T\left(\sigma^4 - a_n(k)a_n^*(k)\right)\right] \tag{H.3}$$

En insérant (H.2) et (H.3) dans l'équation (2.31), on obtient :

$$\mathbf{J} \;\leq\; \mathbf{J}_h \quad \text{et} \quad \mathbf{J} \;\leq\; \mathbf{J}_l \tag{H.4}$$

D'où, on a $\mathbf{J} \leq \mathbf{J}_{min}$ et en conséquence la deuxième inégalité dans (2.65), *i.e.*, $\mathbf{BCRBA}(\mathbf{c}) \leq \mathbf{BCRB}(\mathbf{c})$.

Annexe I

Calcul de la matrice de transfert T

Dans cette annexe, on va calculer la matrice de transfert $\mathbf{T}$ entre $\mathbf{c}_{\mathbf{dés}_l}$ et $\overline{\boldsymbol{\alpha}}_l$. Le polynôme désiré $\boldsymbol{\alpha}_{\mathbf{dés}_l}$ est une approximation polynomiale de $\boldsymbol{\alpha}_l$ durant N_c symboles OFDM, dont les N_c coefficients, $\mathbf{c}_{\mathbf{dés}_l}$, sont calculés à partir des valeurs moyennes $\overline{\boldsymbol{\alpha}}_l$. Dans la suite, on va effectuer le calcul de la matrice de transfert $\mathbf{T}$ pour $N_c = 4$. On peut donc écrire pour $q \in [-N_g, vN_c - N_g - 1]$:

$$\alpha_{\text{dés}_l} = \mathrm{c}_{\text{dés}_{1,l}} + \mathrm{c}_{\text{dés}_{2,l}} q + \mathrm{c}_{\text{dés}_{3,l}} q^2 + \mathrm{c}_{\text{dés}_{4,l}} q^3 \tag{I.1}$$

Comme $\boldsymbol{\alpha}_{\mathbf{dés}_l}$ et $\boldsymbol{\alpha}_l$ ont les mêmes valeurs moyennes $\overline{\boldsymbol{\alpha}}_l$, on peut donc écrire :

$$\overline{\alpha}_l^{(1)} = \mathrm{c}_{\text{dés}_{1,l}} + \mathrm{c}_{\text{dés}_{2,l}} \frac{1}{N} \sum_{q=0}^{N-1} q + \mathrm{c}_{\text{dés}_{3,l}} \frac{1}{N} \sum_{q=0}^{N-1} q^2 + \mathrm{c}_{\text{dés}_{4,l}} \frac{1}{N} \sum_{q=0}^{N-1} q^3 \tag{I.2}$$

$$\overline{\alpha}_l^{(2)} = \mathrm{c}_{\text{dés}_{1,l}} + \mathrm{c}_{\text{dés}_{2,l}} \frac{1}{N} \sum_{q=v}^{v+N-1} q + \mathrm{c}_{\text{dés}_{3,l}} \frac{1}{N} \sum_{q=v}^{v+N-1} q^2 + \mathrm{c}_{\text{dés}_{4,l}} \frac{1}{N} \sum_{q=v}^{v+N-1} q^3 \tag{I.3}$$

$$\overline{\alpha}_l^{(3)} = \mathrm{c}_{\text{dés}_{1,l}} + \mathrm{c}_{\text{dés}_{2,l}} \frac{1}{N} \sum_{q=2v}^{2v+N-1} q + \mathrm{c}_{\text{dés}_{3,l}} \frac{1}{N} \sum_{q=2v}^{2v+N-1} q^2 + \mathrm{c}_{\text{dés}_{4,l}} \frac{1}{N} \sum_{q=2v}^{2v+N-1} q^3 \tag{I.4}$$

$$\overline{\alpha}_l^{(4)} = \mathrm{c}_{\text{dés}_{1,l}} + \mathrm{c}_{\text{dés}_{2,l}} \frac{1}{N} \sum_{q=3v}^{3v+N-1} q + \mathrm{c}_{\text{dés}_{3,l}} \frac{1}{N} \sum_{q=3v}^{3v+N-1} q^2 + \mathrm{c}_{\text{dés}_{4,l}} \frac{1}{N} \sum_{q=3v}^{3v+N-1} q^3 \tag{I.5}$$

En utilisant les propriétés suivantes des séries entières :

$$\sum_{q=sv}^{sv+N-1} q = \frac{N(N-1)}{2} + svN \tag{I.6}$$

$$\sum_{q=sv}^{sv+N-1} q^2 = \frac{N(N-1)(2N-1)}{6} + svN(N-1) + s^2v^2N \tag{I.7}$$

$$\sum_{q=sv}^{sv+N-1} q^3 = \frac{N^2(N-1)^2}{4} + sv\frac{N(N-1)(2N-1)}{2} + 3s^2v^2\frac{N(N-1)}{2} + s^3v^3N \tag{I.8}$$

avec $s \in [0, 3]$, on obtient :

$$\overline{\boldsymbol{\alpha}}_l = \mathbf{T}\mathbf{c}_{\mathbf{d\acute{e}s}_l} \tag{I.9}$$

avec $\overline{\boldsymbol{\alpha}}_l = \left[\overline{\alpha}_l^{(1)}, \overline{\alpha}_l^{(2)}, \overline{\alpha}_l^{(3)}, \overline{\alpha}_l^{(4)}\right]^T$, $\mathbf{c}_{\mathbf{d\acute{e}s}_l} = \left[c_{\text{dés}_{1,l}}, c_{\text{dés}_{2,l}}, c_{\text{dés}_{3,l}}, c_{\text{dés}_{4,l}}\right]^T$ et $\mathbf{T}$ est une matrice de taille 4×4 donnée par :

$$\mathbf{T} = \begin{bmatrix} 1 & \frac{N-1}{2} & \frac{(N-1)(2N-1)}{6} & \frac{N(N-1)^2}{4} \\ 1 & \frac{N-1}{2} + v & \frac{(N-1)(2N-1)}{6} + (N-1)v + v^2 & \frac{N(N-1)^2}{4} + v\frac{(N-1)(2N-1)}{2} + 3s^2v^2\frac{(N-1)}{2} + s^3v^3 \\ 1 & \frac{N-1}{2} + 2v & \frac{(N-1)(2N-1)}{6} + 2(N-1)v + 4v^2 & \frac{N(N-1)^2}{4} + v(N-1)(2N-1) + 6v^2(N-1) + 8v^3 \\ 1 & \frac{N-1}{2} + 3v & \frac{(N-1)(2N-1)}{6} + 3(N-1)v + 9v^2 & \frac{N(N-1)^2}{4} + 3v\frac{(N-1)(2N-1)}{2} + 27v^2\frac{(N-1)}{2} + 27v^3 \end{bmatrix} \tag{I.10}$$

Notons que, pour $N_c = 3$, la matrice de transfert résultante de taille 3×3 donnée par (3.65) est obtenue en éliminant la dernière ligne et la dernière colonne de la précédente matrice $\mathbf{T}$ (définie pour $N_c = 4$).

Annexe J

Coefficients du chapitre 3

Dans cette annexe, on donne l'expression des coefficients suivants $\left[\mathbf{Z_{p}}_{(k,m)}\right]_{u_1,u_2}$, $\left[\mathbf{Z_{d}}_{(k,m)}\right]_{u_1,u_2}$, $\left[\mathbf{Z_1}_{(k)}\right]_{u,u_1}$ et $\left[\mathbf{Z_2}_{(k)}\right]_{u_1,u_2}$.

$$\left[\mathbf{Z_{p}}_{(k,m)}\right]_{u_1,u_2} = \mathrm{E}\Big[[\mathbf{\Delta_{pp}}]_{m,u_1} [\mathbf{\Delta_{pp}}]^*_{k,u_2} \Big] = \mathrm{E}\left[\sum_{\substack{d_1=p_1\\ d_1\neq p_m}}^{p_{N_p}} \sum_{\substack{d_2=p_1\\ d_2\neq p_k}}^{p_{N_p}} \left[\mathbf{x}_{(u_1)}\right]_{d_1} \left[\mathbf{x}_{(u_2)}\right]^*_{d_2} \left[\mathbf{H}_{(u_1)}\right]_{p_m,d_1} \left[\mathbf{H}_{(u_2)}\right]^*_{p_k,d_2} \right]$$

$$= \frac{1}{N^2} \sum_{\substack{d_1=p_1\\ d_1\neq p_m}}^{p_{N_p}} \sum_{\substack{d_2=p_1\\ d_2\neq p_k}}^{p_{N_p}} \sum_{l=1}^{L} \sigma^2_{\alpha_l} \left[\mathbf{x}_{(u_1)}\right]_{d_1} \left[\mathbf{x}_{(u_2)}\right]^*_{d_2} e^{-j2\pi \frac{d_1-d_2}{N}\tau_l} \sum_{q_1=0}^{N-1} \sum_{q_2=0}^{N-1} e^{j2\pi \frac{(d_1-p_m)q_1-(d_2-p_k)q_2}{N}} J_0\Big(2\pi f_d T_s \left((q_1-q_2)+(u_1-u2)v\right)\Big)$$

$$\begin{aligned}
\left[\mathbf{Z_{d}}_{(k,m)}\right]_{u_1,u_2} &= \mathrm{E}\Big[[\mathbf{\Delta_{dd}}]_{m,u_1} [\mathbf{\Delta_{dd}}]^*_{k,u_2} \Big] = \mathrm{E}\left[\sum_{\substack{d_1=1\\ d_1\neq p_s}}^{N} \sum_{\substack{d_2=1\\ d_2\neq p_s}}^{N} \left[\mathbf{x}_{(u_1)}\right]_{d_1} \left[\mathbf{x}_{(u_2)}\right]^*_{d_2} \left[\mathbf{H}_{(u_1)}\right]_{p_m,d_1} \left[\mathbf{H}_{(u_2)}\right]^*_{p_k,d_2} \right] \\
&= \frac{\delta_{u_1,u_2}}{N^2} \sum_{l=1}^{L} \sigma^2_{\alpha_l} \sum_{\substack{d=1\\ d\neq p_s}}^{N} \sum_{q_1=0}^{N-1} \sum_{q_2=0}^{N-1} e^{j2\pi \frac{(d-p_m)q_1-(d-p_k)q_2}{N}} J_0\Big(2\pi f_d T_s (q_1-q_2)\Big)
\end{aligned}$$

$$\begin{aligned}
\left[\mathbf{Z_1}_{(k)}\right]_{u,u_1} &= \mathrm{E}\Big[\alpha_l^*((u-1)T_s) [\mathbf{\Delta_{pp}}]_{k,u_1} \Big] = \mathrm{E}\left[\sum_{\substack{d=p_1\\ d\neq p_k}}^{p_{N_p}} \alpha_l^*((u-1)T_s) \left[\mathbf{x}_{(u_1)}\right]_d [\mathbf{H}_{(u_1)}]_{p_k,d} \right] \\
&= \frac{\sigma^2_{\alpha_l}}{N} \sum_{\substack{d=p_1\\ d\neq p_k}}^{p_{N_p}} \left[\mathbf{x}_{(u_1)}\right]_d e^{-j2\pi(\frac{d-1}{N}-\frac{1}{2})\tau_l} \sum_{q=0}^{N-1} e^{j2\pi \frac{(d-p_k)q}{N}} J_0\Big(2\pi f_d T_s \left((q-u+1)+(u_1-1)v\right)\Big)
\end{aligned}$$

$$\begin{aligned}
\left[\mathbf{Z_2}_{(k)}\right]_{u_1,u_2} &= \mathrm{E}\Big[\overline{\boldsymbol{\alpha}}^*_{l,u_2-1} [\mathbf{\Delta_{pp}}]_{k,u_1} \Big] = \mathrm{E}\left[\sum_{\substack{d=p_1\\ d\neq p_k}}^{p_{N_p}} \overline{\boldsymbol{\alpha}}^*_{l,u_2-1} \left[\mathbf{x}_{(u_1)}\right]_d [\mathbf{H}_{(u_1)}]_{k,d} \right] \\
&= \frac{\sigma^2_{\alpha_l}}{N^2} \sum_{\substack{d=p_1\\ d\neq p_k}}^{p_{N_p}} \left[\mathbf{x}_{(u_1)}\right]_d e^{-j2\pi(\frac{d-1}{N}-\frac{1}{2})\tau_l} \sum_{q_1=0}^{N-1} e^{j2\pi \frac{(d-k)q_1}{N}} \sum_{q_2=0}^{N-1} J_0\Big(2\pi f_d T_s \left((q_1-q_2)+(u_1-u_2)v\right)\Big)
\end{aligned}$$

Bibliographie

[Akmo 00] W. Akmouche. *Étude et caractérisation des modulations multiporteuses OFDM.* PhD thesis, Université de Bretagne Occidentale, Brest, France, Octobre 2000.

[Ande 79] B. Anderson and J. B. Moore. *Optimal filtering.* Prentice-Hall, 1979.

[Badd 05] K. E. Baddour and N. C. Beaulieu. "Autoregressive modeling for fading channel simulation". *IEEE Trans. Wireless Commun.*, Vol. 4, No. 4, pp. 1650–1662, July 2005.

[Baha 99] A. Bahai and B. Saltzberg. *Multi-Carrier Dications : Theory and Applications of OFDM.* Kluwer Academic/Plenum, 1999.

[Bane 07] P. Banelli, R. Cannizzaro, and L. Rugini. "Data-Aided Kalman Tracking for Channel Estimation in Doppler-Affected OFDM Systems". *IEEE International Conference on Acoustics, Speech and Signal Processing (ICASSP)*, pp. 133–136, April 2007.

[Bay 08a] S. Bay, B. Geller, A. Renaux, J. Barbot, and J. Brossier. "On the Hybrid Cramer Rao Bound and Its Application to Dynamical Phase Estimation". *IEEE Signal Proc. letters*, Vol. 15, pp. 453–456, 2008.

[Bay 08b] S. Bay, C. Herzet, J. Brossier, J. Barbot, and B. Geller. "Analytic and Asymptotic Analysis of Bayesian Cramer-Rao Bound for Dynamical Phase Offset Estimation". *IEEE Trans. Signal Processing*, Vol. 56, pp. 61–70, January 2008.

[Bell 63] P. A. Bello. "Characterization of Randomly Time-invariant Linear Channels". *IEEE Transactions on Communications and Systems*, Vol. 11(4), pp. 360–393, December 1963.

[Bobr 87] B. Bobrovosky, E. Mayer-Wolf, and M. Zakai. "Some Classes of Global Cramer-Rao Bounds". *Ann. Statis.*, Vol. 15, pp. 1421–1438, 1987.

[Bouv 06] P.-J. Bouvet. *Récepteurs itératifs pour systèmes multi-antennes.* PhD thesis, INSA de Rennes, Rennes, France, Décembre 2006.

[Bros 97] J.-M. Brossier. *Signal et communication numérique : égalisation et synchronisation.* Hermés, 1997.

[Cai 00] X. Cai and A. N. Akansu. "A Subspace Method for Blind Channel Identification in OFDM Systems". *Int. Commun. Conf. (ICC)*, pp. 929–933, 2000.

[Cave 91] J. K. Cavers. "An Analysis of Pilot Symbol Assisted Modulation for Rayleigh Fading Channels". *IEEE Trans. on Vehic. Tech.*, Vol. 40(4), November 1991.

[Chan 66] R. W. Chang. "Synthesis of Band-limited Orthogonal Signals for Multichannel Data Transmission". *The Bell System Technical Journal*, pp. 1775–1796, December 1966.

[Chan 68] R. W. Chang and R. A. Gibby. "A Theoretical Study of Performance of an Orthogonal Multiplexing Data Transmission Scheme". *IEEE Transactions on Communications*, Vol. COM-16, pp. 529–540, August 1968.

[Chen 04] W. Chen and R. Zhang. "Kalman-filter channel estimator for OFDM systems in time and frequency-selective fading environment". *IEEE International Conference on Acoustics, Speech, and Signal Processing (ICASSP)*, May 2004.

[Choi 01] Y.-S. Choi, P. Voltz, and F. A. Cassara. "On channel estimation and detection for muticarrier signals in fast and selective Rayleigh fading channels". *IEEE Trans. Commun.*, Vol. 49, No. 8, pp. 1375–1387, August 2001.

[Chot 99] N. Chotikakamthorn and H. Suzuki. "On identifiability of ofdm blind channel estimation". *IEEE VTC'99*, 1999.

[Cimi 85] L. J. Cimini. "Analysis and Simulation of Digital Mobile Channel Using Orthogonal Frequency Division Multiple Access". *IEEE Transaction on Communications*, Vol. 33, pp. 665–675, July 1985.

[Clar 68] R. H. Clarke. "A Statistical Theory of Mobile Radio Reception". *Bell System Technical Journal*, Vol. 47, pp. 957–1000, July-August 1968.

[Cole 02] S. Coleri. "Channel Estimation Techniques Based on Pilot Arrangement in OFDM Systems". *IEEE Trans. Broad.*, Vol. 48, No. 3, pp. 223–229, September 2002.

[cont] W. contributors. "Linear Regression". *Wikipedia, The Free Encyclopedia.*

[Coua 94] R. M. T. de Couasnon and J. B. Rault. "OFDM for digital TV Broadcasting". *Signal Processing*, Vol. 39(1-2), pp. 1–32, September 1994.

[Cour 96] M. de Courville. *Utilisation de Bases Orthogonales pour l'Algorithmique Adaptative et l'égalisation des Systèmes Multiporteuses.* PhD thesis, PhD thesis, Telecom Paris, Paris, France, October 1996.

[Crus 05] M. Crussiere. *Étude de communication à haut-débit sur lignes d'énergie en exploitant la combinaison OFDM/CDMA.* PhD thesis, INSA de Rennes, Rennes, France, Novembre 2005.

[DAnd 94] A. D'Andrea, U. Mengali, and R. Reggiannini. "The Modified Cramer-Rao Bound and its Application to Synchronization Problems". *IEEE Trans. Commun.*, Vol. 42, pp. 1391–1399, April 1994.

[Dudg 84] D. Dudgeon and R. Mersereau. *Multidimensional Digital Signal Processing.* Prentice Hall, Inc., 1984.

[Edfo 98] O. Edfors, M. Sandell, J.-J. V. de Beek, S. Wilson, and P. Brejesson. "OFDM Channel Estimation by Singular Value Decomposition". *IEEE Trans. Commun.*, Vol. 46, No. 7, pp. 931–939, July 1998.

[Enge 95a] V. Engels and H. Rohling. "Differential Modulation Techniques for a 34 mbit/s Radio Channel Using Orthogonal Frequency-Division Multiplexing". *Wireless Pers. Commun.*, Vol. 2(1-2), pp. 29–44, 1995.

[Enge 95b] V. Engels and H. Rohling. "Multilevel Differential Modulation Techniques (64-dapsk) for Multicarrier Transmission Systems". *Eur. Trans. Telecommun. Rel. Technol.*, Vol. 6(6), pp. 633–640, November 1995.

[Euro 93] *European Telecommunications Standards Institute, European Digital Cellular Telecommunication System (Phase 2), Radio Transmission and Reception, GSM 05.05, vers. 4.6.0*, Sophia Antipolis, France, July 1993.

[Euro 95] *European Telecomunications Standards Institute ETSI. Radio broadcasting systems, digital audio broadcasting (dab) to mobile, portable and fixed receivers*, In ETS 300 401, Valbonne, France, February 1995.

[Euro 96] *European Telecomunications Standards Institute ETSI. Digital broadcasting for television, sound and data services*, In prETS 300 744(draft version 0.0.3), Avril 1996.

[Fran 61] J. Francis. "The QR Transformation A Unitary Analogue to the LR Transformation - Part 1". *The Computer Journal*, Vol. 4, No. 3, pp. 265–271, 1961.

[Fren 96] P. Frenger and A. Svensson. "A decision directed coherent detector for OFDM". *IEEE Vehicular Technology Conference*, pp. 1584–1588, Atlanta, GA, April 1996.

[Gini 98] F. Gini, R. Reggiannini, and U. Mengali. "The Modified Cramer-Rao Bound in Vector Parameter Estimation". *IEEE Trans. Commun.*, Vol. 46, pp. 52–60, January 1998.

[Guil 05] M. Guillaud. *Techniques de transmission et de modélisation de canal pour les systèmes de communications multi-antennes.* PhD thesis, EURECOM, Sophia-Antipolis, France, Juillet 2005.

[Heat 97] R. W. Heath and G. B. Giannakis. "Blind Channel Identification for Multirate Precoding and OFDM Systems". *DSP'97*, 1997.

[Hija 07a] H. Hijazi and L. Ros. "Estimation de Canal et Suppression d'Interférence pour les Récepteurs OFDM á Grande Mobilité". Traitement du signal et des images, Actes du 21e colloque GRETSI, Septembre 2007.

[Hija 07b] H. Hijazi and L. Ros. "Time-varying Channel Complex Gains Estimation and ICI Suppression in OFDM Systems". IEEE Global Communications Conference (GLOBECOM), Washington, USA, November 2007.

[Hija 07c] H. Hijazi, L. Ros, and G. Jourdain. "OFDM Channel Parameters Estimation used for ICI Reduction in Time-Varying Multipath channels". European Wireless Conference (EW), April 2007.

[Hija 08a] H. Hijazi and L. Ros. "OFDM High Speed Channel Complex Gains Estimation Using Kalman Filter and QR-Detector". IEEE International Symposium on Wireless Communication Systems (ISWCS), Reykjavik, Iceland, October 2008.

[Hija 08b] H. Hijazi and L. Ros. "On-line Bayesian Cramer-Rao Bounds for OFDM Slowly Varying Rayleigh Multi-path Channel Estimation". IEEE International Symposium on Wireless Communication Systems (ISWCS), Reykjavik, Iceland, October 2008.

[Hija 08c] H. Hijazi and L. Ros. "Polynomial Estimation of Time-Varying Multi-path Gains with Intercarrier Interference Mitigation in OFDM Systems". IEEE International Symposium on Communications, Control and Signal Processing (ISCCSP), St. Julians, MALTA, March 2008.

[Hija 09a] H. Hijazi and L. Ros. "Analytical Analysis of Bayesian Cramer-Rao Bound for Dynamical Rayleigh Channel Complex Gains Estimation in OFDM System". *IEEE Trans. Signal Proc.*, Vol. 57, No. 5, pp. 1889–1900, May 2009.

[Hija 09b] H. Hijazi and L. Ros. "Bayesian Cramer-Rao Bounds for Complex Gain Parameters Estimation of Slowly Varying Rayleigh Channel in OFDM Systems". *ELSEVIER Signal Processing FAST Communication*, Vol. 89, pp. 111–115, January 2009.

[Hija 09c] H. Hijazi and L. Ros. "Polynomial Estimation of Time-Varying Multi-path Gains with Intercarrier Interference Mitigation in OFDM Systems". *IEEE Trans. Vehic. Techno.*, Vol. 58, No. 1, pp. 140–151, January 2009.

[Hija 09d] H. Hijazi and L. Ros. "Rayleigh Time-varying Channel Complex Gains Estimation and ICI Cancellation in OFDM Systems". *European Trans. Telecommunications (ETT)*, No. 20, pp. 782–796, June 2009.

[Hija 10] H. Hijazi and L. Ros. "Joint Data QR-Detection and Kalman Estimation for OFDM Time-varying Rayleigh Channel Complex Gains". *IEEE Trans. Communications*, Vol. 58, No. 1, pp. 1–9, January 2010.

[Hohe 97a] P. Hoher, S. Kaiser, and P. Robertson. "Pilot-Symbol-Aided Channel Estimation in Time and Frequency". pp. 90–96, in Proceedings of IEEE Global Telecommunication Conference on Acoustics, Speech and Signal Processing, Phoenix, USA, November 1997.

[Hohe 97b] P. Hoher, S. Kaiser, and P. Robertson. "Two-Dimentional Pilot-Symbol-Aided Channel Estimation by Wiener Filtering". pp. 1845–1848, in Proceedings of IEEE International Conference on Acoustics, Speech and Signal Processing, Munich-Germany, April 1997.

[Hsie 98] M. Hsieh and C. Wei. "Channel Estimation for OFDM Systems Based on Comb-Type Pilot Arrangement in Frequency Selective Fading Channels". *IEEE Trans. Consumer Electron.*, Vol. 44, No. 1, February 1998.

[Jaff 00] E. Jaffrot. *Estimation de canal très sélectif en temps et en fréquence pour les systèmes OFDM.* PhD thesis, ENSEA, Cergy-Pontoise , France, Décembre 2000.

[Jake 83] W. C. Jakes. *Microwave Mobile Communication.* Piscataway, NJ : IEEE Press, 1983.

[Kay 93] S. M. Kay. *Fundamentals of Statistical Signal Processing : Estimation Theory.* Prentice Hall PTR, 1993.

[Lasa 87] R. Lasalle and M. Alard. "Principles of Modulation and Channel Coding for Digital Broadcasting for mobile Receivers". *EBU Review*, No. 224, pp. 168–190, August 1987.

[Li 98] Y. Li, L. Cimini, and N. Sollenberger. "Robust Channel Estimation for OFDM Systems with Rapid Dispersive Fading Channels". *IEEE Trans. Commun.*, Vol. 46, No. 7, pp. 902–915, July 1998.

[Mohe 89] M. L. Moher and J. H. Lodge. "A Modulation and Coding Strategy for Rician Fading Channels". *IEEE Journal on Select. Areas in Commun.*, Vol. 7(9), pp. 1347–1355, December 1989.

[Morl 00] C. Morlet. *Démodulateur embarqué multiporteuses pour services multimédia par satellites.* PhD thesis, ENST de Paris, Paris, France, Septembre 2000.

[Most 05] Y. Mostofi and D. Cox. "ICI mitigation for pilot-aided OFDM mobile systems". *IEEE Trans. Wireless Commun.*, Vol. 4, No. 12, pp. 765–774, March 2005.

[Moul 95] E. Moulines and S. Mayrargue. "Subspace Methods for The Blind Identification of Multichannel for Fiters". *IEEE Trans. on Sig. Proc.*, Vol. 43(2), pp. 516–525, February 1995.

[Muqu 99] B. Muquet and et al. "A Subspaced Based Blind and Semi-Blind Channel Indentification Method for OFDM Systems". *IEEE-SP Workshop Signal Process. Adv. Wireless*, pp. 170–173, May 1999.

[Nass 06] Y. Nasser. *Sensibilité des Systèmes OFDM-CDMA aux Erreurs de synchronisation en Réception Radio Mobile.* PhD thesis, INPG, Grenoble, France, Octobre 2006.

[Pele 80] A. Peled and A. Ruiz. "Frequency Domain Data Transmission Using Reduced Computational Complexity Algorithms". pp. 964–967, in Proceedings of IEEE International Conference on Acoustics, Speech and Signal Processing (ICASSP '80), Denver, Colo, USA, April 1980.

[Pete 95] R. Peterson, R. Ziemer, and D. Borth. *Introduction of spread spectrum communications.* Prentice Hall Inc., 1995.

[Proa 00] J. G. Proakis. *Digital Communications.* Boston : Macgraw-Hill, 2000.

[Prog 79] *Programs for Digital Signal Processing.* IEEE Press, New York, 1979. Algorithm 8.1.

[Rapp 99] T. S. Rappaport. *Wireless Communications, Principles and Practice.* Prentice-Hall PTR, 1999.

[Rein 94] C. Reiners and H. Rohling. "Multicarrier Transmission Technique in Cellular Mobile Communications Systems". *IEEE Vehicular Technology Conference*, pp. 1645–1649, Stockholm, Sweden, June 1994.

[Rock 87] Y. Rockah and P. Schultheiss. "BCRB and upper bounded by the high-SNR asymptote. This Array shape calibration using sources in unknown locations-part I : Far-field sources". *IEEE Trans. Acoust., Speech, Signal Process.*, Vol. ASSP-35, No. 3, pp. 286–299, March 1987.

[Rohl 95] H. Rohling and R. Grünheid. "Multicarrier Transmission Technique in Mobile Communication Systems". *RACE Mobile Communications Summit*, pp. 270–276, Cascais, November 1995.

[Ros 01] L. Ros. *Réception multi-capteur pour un terminal radio-mobile dans un système d'accés multiple à répartition par codes. Application au mode TDD de l'UMTS.* PhD thesis, INPG, Grenoble, France, Décembre 2001.

[Roy 89] R. Roy and T. Kailath. "ESPRIT-Estimation of Signal Parameters via Rotational Invariance Techniques". *IEEE Trans. Acoust., Speech, Signal Processing*, Vol. 45, pp. 984–995, July 1989.

[Sale 02] F. Salem. *Réception particulaire pour canaux multi-trajets évanescents en communications radiomobiles.* PhD thesis, Université Paul Sabatier de Toulouse, Toulouse, France, Novembre 2002.

[Seno 05] H. Senol, H. Cirpan, and E. Panayirci. "A Low-Complexity KL Expansion-Based Channel Estimator for OFDM Systems". *EURASIP Journal on Wireless Communications and Networking*, pp. 163–174, February 2005.

[Simo 04] E. Simon. *Synchronisation de Signaux CDMA dans un Environnement Multi-Utilisateur.* PhD thesis, INPG, Grenoble, France, Novembre 2004.

[Simo 05] E. Simon and L. Ros. "Adaptive Multipath Channel Estimation in CDMA Based on Prefiltering and Combination with a Linear Equalizer". 14th IST Mobile and Wireless Communications Summit, Dresden, June 2005.

[Simo 07] E. Simon, L. Ros, and K. Raoof. "Synchronization over Rapidly Time-Varying Multipath Channel for CDMA Downlink RAKE Receivers in Time-Division Mode". *IEEE Trans. Vehic. Techno.*, Vol. 56, No. 4, July 2007.

[Tang 05] Y. Tang, L. Qian, and Y. Wang. "Optimized software implementation of a full-fate IEEE 802.11a compliant digital baseband transmitter on a digital signal processor". *IEEE Global Telecommunication Conference.*, Vol. 4, November 2005.

[Tang 07] Z. Tang, R. Cannizzaro, G. Leus, and P. Banelli. "Pilot-Assisted Time-Varying Channel Estimation for OFDM Systems". *IEEE Trans. Signal Process.*, Vol. 55, pp. 2226–2238, May 2007.

[Tich 98] P. Tichavsky, C. Murachvik, and A. Nehorai. "Posterior Cramer-Rao Bound for Discret-Time Nonlinear Filtering". *IEEE Trans. Signal Processing*, Vol. 46, pp. 1386–1396, May 1998.

[Toma 05] S. Tomasin, A. Gorokhov, H. Yang, and J.-P. Linnartz. "Iterative Interference Cancellation and Channel Estimation for Mobile OFDM". *IEEE Trans. Wireless Commun.*, Vol. 4, No. 1, pp. 238–245, January 2005.

[Tree 68] H. L. V. Trees. *Detection, estimation, and modulation theory : Part I.* Wiley, New York, 1968.

[Wax 85] M. Wax and T. Kailath. "Detection of Signals by Information Theoretic Criteria". *IEEE Trans. Acoust., Speech, Signal Processing*, Vol. ASSP-33, pp. 387–392, April 1985.

[Wein 71] S. B. Weinstein and P. M. Ebert. "Data Transmission by Frequency-division Multiplexing Using The Discrete Fourier Transform". *IEEE Transactions on Communications Technology*, Vol. COM-19(5), pp. 628–634, October 1971.

[Xu 94] G. Xu, R. R. III, and T. Kailath. "Detection of Number of Sources via Exploitation of Centro-Symmetry Property". *IEEE Trans. Signal Processing*, Vol. 42, pp. 102–112, January 1994.

[Yang 01] B. Yang, K. Letaief, R. Cheng, and Z. Cao. "Channel Estimation for OFDM Transmisson in Mutipath Fading Channels Based on Parametric Channel Modeling". *IEEE Trans. Commun.*, Vol. 49, No. 3, pp. 467–479, March 2001.

[Zhao 97] Y. Zhao and A. Huang. "A Novel Channel Estimation Method for OFDM Mobile Communications Systems Based on Pilot Signals and Transform Domain Processing". pp. 2089–2093, Vehicular Technology Conference, Phonix, USA, May 1997.

Résumé

Cette travail s'inscrit dans le cadre des systèmes radiocommunications numériques pour des récepteurs mobiles basés sur la modulation multi-porteuse OFDM. L'objectif est de proposer des algorithmes d'estimation de canal et de suppression d'IEP pour les récepteurs OFDM à grande mobilité en liaison descendante. Notre démarche est d'estimer les paramètres de propagation du canal physique tels que les retards et les variations temporelles des gains complexes du canal à trajet multiples, au lieu du canal discret équivalent. Nous avons développé une approximation à base de polynôme pour l'évolution des gains complexes d'un canal multi-trajet de type Rayleigh avec un spectre de Jakes. En se basant sur cette modélisation polynomiale, nous avons présenté une étude théorique sur les Bornes de Cramér-Rao Bayésiennes (BCRBs) pour l'estimation des gains complexes du canal, en supposant les délais des trajets connus. Enfin, nous avons développé et analysé trois algorithmes itératifs d'estimation des variations temporelles des gains complexes (à l'intérieur d'un symbole OFDM) et de suppression d'IEP pour des récepteurs à grande mobilité. Les deux premiers sont basés sur l'interpolation (passe-bas ou polynomiale) des valeurs moyennes estimées et sur un égaliseur SSI. Ils ont montré de bonnes performances pour des récepteurs à vitesses modérées (*i.e.*, $f_dT \leq 0.1$). Le troisième algorithme est basé sur une modélisation AR et un filtre de Kalman pour estimer les coefficients polynomiaux des gains complexes, et sur un égaliseur QR. Il a fait preuve de bonnes performances pour des récepteurs à vitesses très élevées (*i.e.*, $f_dT > 0.1$).

Mots-clés : canal radio-mobile, modulation OFDM, estimation de canal, canal variant avec le temps, interférence entre porteuses (IEP), supression successive des interférences (SSI), décomposition QR, filtre de Kalman, modèle autorégressif (AR), régression polynomiale, Borne Cramér-Rao Bayesienne (BCRB).

Abstract

This work deals with the case of a high speed mobile receiver operating in an orthogonal-frequency-division-multiplexing (OFDM) downlink communication system. We aim to propose algorithms for channel estimation and ICI suppression in fast fading environments. We sought to directly estimate the physical channel, instead of the equivalent discrete-time channel taps. This means estimating the physical propagation parameters such as multi-path delays and multi-path complex gains. We have first developped a polynomial approximation for the time-variation of a Rayeligh complex gain with Jakes spectrum. Using this polynomial modelisation, we have investigated the Bayesian Cramer Rao Bound (BCRB) related to the estimation of time-varying and time-invariant complex gains within on OFDM symbol, assuming knowledge of delay-related information. Finally, we have proposed and analysed three iterative algorithms for estimating the time-variation complex gains (within on OFDM symbol) with ICI mitigation. The first two algorithms use a low pass interpolation or a polynomial approximation based on the estimated time-averaged gain values, and uses a SIS equalizer. They have shown a significant performance improvement for moderate Doppler spread (*i.e.*, $f_dT \leq 0.1$). The last algorithm uses an auto-regressive (AR) model and a Kalman filter to estimate the polynomial coefficients of the complex gains, and uses QR equalizer. It demonstrates a good performance for very high Doppler spread (*i.e.*, $f_dT > 0.1$).

Key-words : radio-mobile channel, OFDM modulation, channel estimation, time-varying channel, inter-carrier interference (ICI), successive interference suppression (SIS), QR decomposition, Kalman filter, auto-regressive model, polynomial regression, Bayesian Cramer-Rao Bound (BCRB).

Laboratoire Grenoble Signal Image Parole (GIPSA-Lab)
Département Image Signal (DIS), équipe Communication Signal Sécurité (C2S)
ENSE3, Domaine Universitaire, BP 46,
38402 St-Martin-d'Hères Cedex, France

www.ingramcontent.com/pod-product-compliance
Lightning Source LLC
Chambersburg PA
CBHW021059210326
41598CB00016B/1261
* 9 7 8 3 8 3 8 1 7 2 3 6 1 *